新・ワイン学入門

福田育弘

知のトレッキング叢書

集英社インターナショナル

新・ワイン学入門

目次

キャラクター（トレッくま）イラスト　フジモトマサル
カバーイラスト　ソリマチアキラ
装丁・デザイン　立花久人・福永圭子（デザイントリム）

はじめに

日本のワインは、確実に美味しくなっています。

ある年齢以上の方、とくにワインを好きな方は、日本のワインは甘いだけで本当のワインじゃないとか、美味しいものもあるかもしれないが、味の割に高くて買う気になれないといった意見をもたれていることでしょう。

私も十年前まではそう思っていました。

なぜなら、私自身一九五五年の生まれで、二十歳になってお酒を飲みだした一九七五年ごろ、日本でワインといえばまだまだ「赤玉ポートワイン」に代表される甘味果実酒が主流で、本格的なワインはほとんど日本で生産されていなかったからです。

そんな私がワインを飲むようになったのはフランスでのことでした。大学院の博士課程のとき、フランス政府の給費留学生の試験に受かり、パリに三年間留学することになったのです。学食にも病院食にもワインがあると驚く一方で、友人の家や友人の親族の家などに食事に呼ばれると、かならずワインがあり、その味わいの違いに一気に魅了されていきました。手頃な値段のものも多く、次第に自分で買って飲み比べるようになりました。ワイン愛好家へのおきまりの道を歩みだしたわけです。

しかし、乾燥と日照を好むぶどうから醸されるワインは、高温多湿な日本には向いていない、日本で無理して造ってもいいものができるわけがないと思っていました。この本を手にした方の多くもそう思っているはずです。

そんな考えも、フランスワインの歴史書の極めつきともいうべき歴史地理学者ロジェ・ディオンの著作を読んだことがきっかけで、徐々に変化していきました。ディオンは、フランスではワイン用ぶどう栽培に適した地中海沿岸でなく、むしろ気候の厳しい北の土地でいいワインができると指摘し、その事実に目を開かされたのです。

なぜ、厳しい気候でかえっていいワインができるのでしょうか。それは長年にわたって人間がいいワインを造ろうとして土地と格闘しながら努力を続けてきたからだというのです。この見方は目から鱗（うろこ）でした。

この本を読んでから、日本でもいいワインができるかもしれないと、思うようになりました。しかし、それでも当初は、多くのみなさんと同じで、手間隙がかかりすぎて、コストで太刀打ちできないにちがいないと考えていました。

しかし、厚みのある柔らかさが、いま世界で人気のメルロー種のワインは、本場フランスのメルロー種主体のワイン産地として名高いサン・テミリオンやポムロルではすべての銘柄の値段が高騰し、さほど有名でないシャトーでも、日本では確実に三千〜五千円します。これは、日本の優良生産者、たとえば山梨県勝沼のルバイヤートや長野県の小布施ワイナリー、あるいはメルシャンの長野と椀子（まりこ）のメルローとほぼ同じ価格です。しかも、それらのしっとりとした果実味には、日本独自の個性があるのです。日本と同じ後発の新大陸のメルロー種のワインに華やかな厚みがあり、それが個性であるように。

もちろん、日本のワインはぶどう栽培からまともに造れば、チリやカリフォルニアの安価でそこそこに飲めるワインには、まず太刀打ちできません。しかし、フランスのブルゴーニュやボルドーが、ワインの銘醸地としてその名を世界に馳せたのは、安価でそこそこの品質のワインを造ったからではなく、それなりの価格でもそれに見合った、あるいはそれ以上の品質があったからにほかなりません。

日本のワインは、すでにそうした個性をそなえつつあります。

では、なぜ、私も含めたある年代の人間が、日本ではいいワインはできないと思い込んでいるのでしょうか。日本のワイン造りは明治初期に導入されてすでに百五十年近い歴史をもつといわれています。しかし、日本でワインが地元で栽培されたぶどうから造られ始めたのは、せいぜい一九八〇年代、つまりまだ三十年ほどしかたっていません。しかも、いまだに日本で自らぶどうを栽培してワインを造るという、ワイン産国では当たり前のワイン造りを、しっかり実行している造り手やメーカーは、その数が増えているとはいえ、その生産量はさほど多くありません。つまり、ある年齢以上の人は、日本の美味しいワインに二重の意味で出合っていないのです。日本では美味しいワイン造りの歴史が浅く、美味しい日本のワインが市場にあまり出回っていないためです。

日本ワインの美味しさを知らないのは実にもったいない。これがこの本を書くもっとも大きな動機です。あえて少し挑発的にいえば、自然条件の障害が多い日本だからこそ、個性のあるいいワインが必然的に生まれるのです。このような逆説は、ワインの本場であるフランスのワイン造りの歴史を本当の意味で——つまり当事者に都合のいい形ではなく——つまびらかにすることでみえてくる歴史の真実なのです。

それは同時に、フランスワインの神話的ともいえる威光を少し冷静に判断することにもなるでしょう。これが、ディオンの主著から多くのことを学んできた筆者が、この本を書くもうひとつの理由です。フランスワインを巨視的にとらえることは、そのまま日本のワインの未来を照らすことになるはずです。

同時に、歴史的、地理学的、社会学的な視点でワインをとらえ直すことで、みなさんはまったく新しいワインの見方をするようになるでしょう。

この本を読んで、日本ワインを飲みたくなれば、それが筆者のなによりも望むところです。いや、さらに日本でワインを造ってみたくなったら、それこそ最高の幸せです。

第一章 フランスワインなんかこわくない

ワインといえばフランス

ワインというと、どこの国を思い浮かべますか。

現在では、カリフォルニアやニュージーランドの良質のワインもあれば、チリやオーストラリアなどの安くて美味しいワインも輸入されていますから、なかにはそうしたいわゆる「新大陸」のワインを思い浮かべる人もいるかもしれません。

でもやっぱりワインといえばヨーロッパ。もちろん、白ワインの美味しいドイツも、赤も白も非常にヴァラエティに富んだイタリアも捨てがたいのですが、なんといってもフランスだと思う人が多いはずです。生産量では、一時期イタリアに抜かれたこともありますが、世界第一位。徐々に一人当たりの消費量が減っているとはいえ、総消費量では二〇一三年にはじめて人口の多いアメリカに抜かれるまで長い間第一位でした。

いやいや量の問題ではない、と思う人も多いでしょう。なんといっても、フランスには、高品質なワインを生みだす銘醸地がきら星のごとく、あちこちに存在しているからです。赤のロマネ・コンティやシャンベルタン、白のモンラシェやコルトン・シャルルマーニュを筆頭に名だたるグラン・クリュ（特級畑）がひしめき、つねに果実味が豊かで溌剌としつつ深みのあるワインを生む銘醸地ブルゴーニュ。洗練された味わいのシャトー・ラフィット・ロッチルドや濃縮した果実味のシャトー・ラトゥールをはじめ、タンニンが細やかなシャトー・マルゴー、

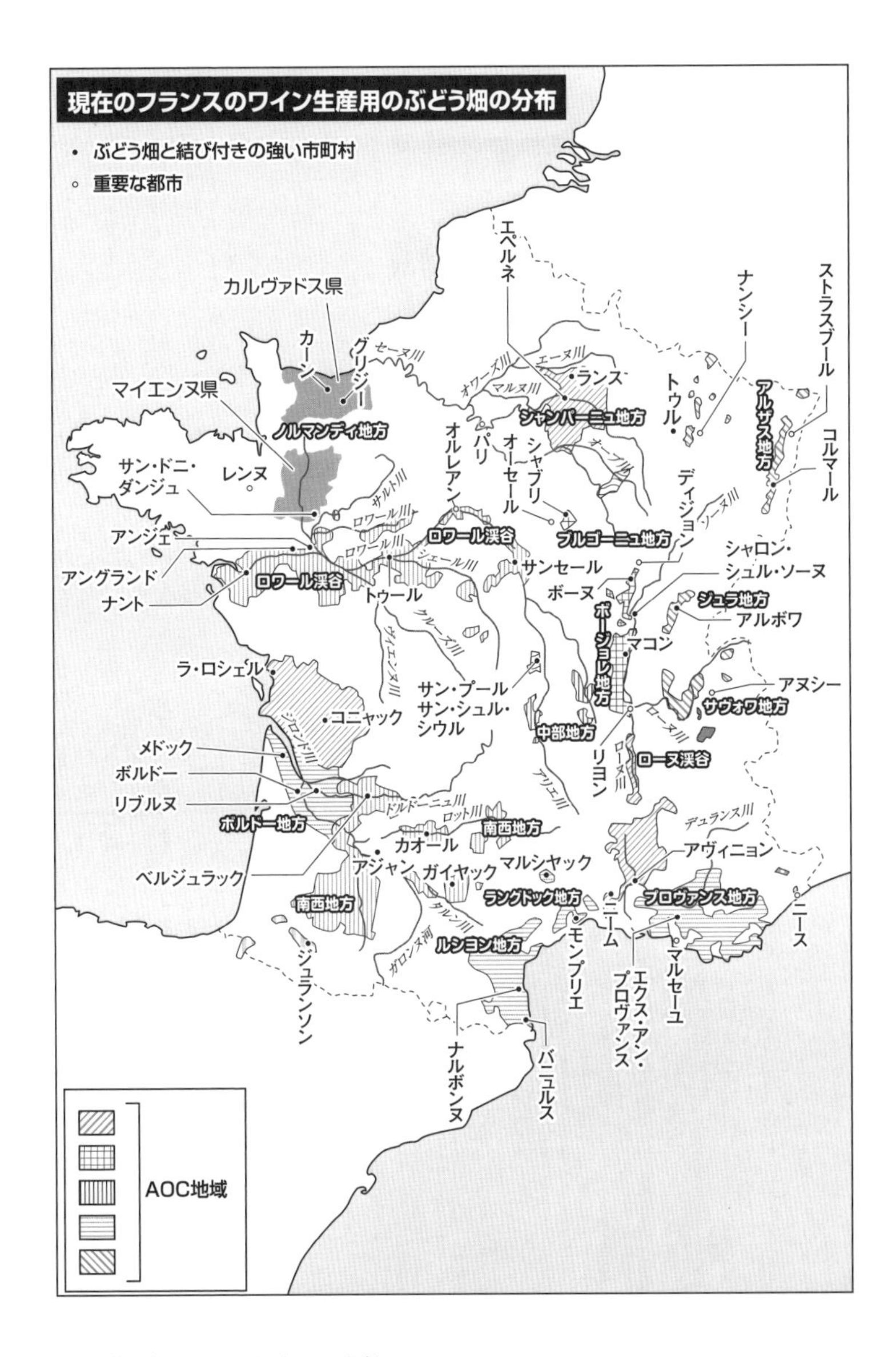
現在のフランスのワイン生産用のぶどう畑の分布
・ぶどう畑と結び付きの強い市町村
◦ 重要な都市
カルヴァドス県
カーン
グリジー
マイエンヌ県
ノルマンディ地方
サン・ドニ・ダンジュ
レンヌ
アンジェ
アングランド
ナント
ロワール渓谷
トゥール
セーヌ川
オワーズ川
マルヌ川
エーヌ川
エペルネ
ランス
シャンパーニュ地方
パリ
オルレアン
オーセール
シャブリ
ヨンヌ川
サルト川
ロワール川
シェール川
ロワール渓谷
ブルゴーニュ地方
サンセール
ディジョン
ソーヌ川
ナンシー
トゥル
ストラスブール
アルザス地方
コルマール
シャロン・シュル・ソーヌ
ボーヌ
ジュラ地方
アルボワ
ボージョレ地方
マコン
クルーズ川
ヴィエンヌ川
ラ・ロシェル
コニャック
サン・プール
サン・シュル・シウル
中部地方
アヌシー
サヴォワ地方
リヨン
ローヌ川
ローヌ渓谷
ジロンド川
メドック
ボルドー
リブルヌ
ボルドー地方
ドルドーニュ川
ロット川
南西地方
アリエ川
カオール
アジャン
ガイヤック
マルシヤック
ベルジュラック
南西地方
タルン川
ガロンヌ河
ラングドック地方
ルシヨン地方
デュランス川
アヴィニョン
プロヴァンス地方
ニーム
モンプリエ
エクス・アン・プロヴァンス
マルセーユ
ニース
ジュランソン
ナルボンヌ
バニュルス
AOC地域

バランスが身上のシャトー・オ・ブリオン、濃厚なタンニンをもつシャトー・ムトン・ロッチルドといったタイプの異なる一級格付けの五大シャトーを擁するボルドーがあるからです。さらに、世界中で発泡性ワインの代名詞となっている、華麗な泡とともに酸味に深い味わいのあるシャンパーニュも忘れてはいけないでしょう。

ワインといえばフランスと人々が思うのは、量ではなくて、むしろこうした銘醸地が生むワインの品質です。フランスが新大陸の新興産地の隆盛にもかかわらず、相変わらずワインの国であり続けているのは、質のよいワインを生み続けているからにほかなりません。

フランスは質のうえに多様性もそなえています。それは、アルザスのリースリングのグラン・クリュの洗練された気品のある味わい、ローヌのシャトーヌフ・デュ・パップのしっかりした厚み、ジュラの最低六年三か月の熟成を義務づけられた濃厚で凝縮したシェリーともいうべきヴァン・ジョーヌ（黄色いワイン）などを思えばうなずけます。

質の高い多様性こそフランスワインの魅力だということを認めるのに、数十年ワインを飲み続けてきた私に異論はありません。いや、尽きることのない魅力を感じています。事実、自宅の冷蔵庫型ワインセラーにストックされているワインの多くはフランスワインですし、日常もっともよく飲むのもフランスワインです。

いいテロワールがいいワインを生む？

フランスが美味しいワインを生むのは、美味しいワインを生む自然条件に恵まれてきたからだといわれます。フランスの有名ワイン産地は、いいワインを生む土地と思われているのです。フランス人はこのことを、フランスはいいワインを生む「テロワール」であるとよく表現します。テロワールとはフランス語で綴ると「terroir」で、「土地」や「大地」を意味するテール（terre）の派生語です。辞書で引くと「郷土、農地、地方、地方色」といった訳語が載っています。わかりやすくいえば、「明確な性格をもった土地」という意味です。

ある語の初出から意味の変遷をたどった『ロベール・フランス語歴史辞典』によれば、当初、単に「地方」を意味したテロワールという語は、十三世紀になって「農地」という意味に限定されて使用されるようになり、さらに十六世紀中葉に「味」という語と結びついて「土地の味」という表現として使われることが多くなります。しかも、ほとんどの用例がワインに関するものであったことがわかります。

ただ、「土地の味」といっても、地質学者や特殊な場合でないかぎり、土地の土をじかに味わうことはありません。ですから、ある土地の味は土地の産物でわかる、とくに農産物を通して感じられるということです。その農産物の代表がワインでした。

ワイン好きの方にはごく当たり前のことですが、ワインは本当に産地ごとに味が異なります。

人がワインに「はまる」のも、この多様性を感じるからでしょう。

現代の日本ではコンビニでも多様なワインが売られていて、それぞれのワインに味や産地のコメントがあることもめずらしくありません。安価なワインであっても、味わいは土地によって異なります。先ほど述べた多様性です。この多様性はまずなによりも、産地に由来します。つまり、フランス人のいう「テロワール」です。フランス人風にいえば、フランス全土が、一部の寒冷な北の地方、ブルターニュやノルマンディなどをのぞいて、おしなべてワインのテロワールであり、さらにそのなかで異なる自然条件によってそれぞれ異なるテロワールの味、つまり「土地の味」があるということになります。

こうして、「ワインはテロワールの表現である」といわれているのです。これまでの説明から、「テロワール」とは主に気候や土壌などのある土地の自然条件を意味していることがわかります。それをふまえ、ここでは「テロワール」を、とりあえず「土地柄性」としておきましょう。

たとえば、フランス人がブルゴーニュのあるワインを飲んだとします。そのワインがブルゴーニュに本来あるべき果実味をあまりもたず、逆にボルドーのようにしっとりとした木の香りやしっかりとした厚みをもっていたら、たとえ美味しくても評価されません。テロワールの味を表現していないからです。テロワールごとの美味しさが求められるのです。つまり、ブルゴーニュはブルゴーニュらしく、ボルドーはボルドーらしくなければならないのです。これがフランス人のいうワインの「典型性」です。

テロワールとはワインを評価するひとつの価値基準だとわかります。

いつからテロワールが語られだしたのか？

「テロワール」という言葉は十三世紀からあり、十六世紀には「土地の味」として主にワインについて使用されてきました。そんな伝統のある言葉ですが、あらためてワイン業界でテロワールということがいわれるようになったのは、さほど昔のことではありません。

日本で「テロワール」という語が使われるようになったのは、ワインが最初でした。だいたい二〇〇〇年ごろから、ワインの輸入業者やソムリエやワイン評論家の間で使われだしました。フランスのワイン業界で、さかんに「テロワール」が問題にされるようになったのは一九九〇年代ごろからです。つまり、フランスのワイン関係者がテロワールという語をふたたび使い始めたのを受けて、日本のワイン関係者が使いだしたことがわかります。ワインのみならず、ワインを評価する言葉もフランスから輸入されたわけで、ワインに関するフランスの影響力の大きさに気づかされます。

では、古くからワインはテロワールの味とされてきたのに、なぜ一九九〇年代になってテロワールという言葉が再度取りあげられたのでしょうか。

委細を省いて、まず短刀直入に答えておきましょう。世界でテロワールの味ではない、テクノロジーによるワイン造りが、その時期に台頭したからです。そのような新しいタイプのワインにフランスの多くのワイン生産者が対抗してもちだしたのがテロワールでした。

新たなテクノロジーを活用したワイン造りは、伝統のない土地、つまり「土地の味」という古くからの個性をもっていない新大陸で発展しました。しかし、その始まりはドイツ、つまり「旧大陸」でした。一九六〇年代、ドイツで醗酵した果汁にあらかじめ取っておいた新鮮な果汁を添加して味を調整するフレッシュ・アンド・フルーティの手法が生まれ、やがてこの手法が一九七一年に適法化されると、現代的でスマートなワインを作りだす技術として急速に世界で注目されました。これはすでに他のアルコール飲料で活用されていた新しい技術を意識的にワイン造りにもち込んだ最初の事例でした。

日本のワイン造りに大きな貢献をした麻井宇介（一九三〇～二〇〇二年）は、こうしたワイン造りの変化にとても敏感でした。麻井宇介の本名は浅井昭吾。醸造技術者、工場長として日本を代表するワインメーカー、メルシャンで長年にわたってワイン造りに携わり、日本のワインの品質向上に努力してきました。そのかたわら、浅井は麻井宇介の筆名でワインに関する何冊もの重要な著作を遺（のこ）しています。技術者でありながら、歴史や社会、文明や文化に対する深い見識を有し、著作で展開される分析と考察は、まさに洞察といっていい深さをそなえています。歴史家のまなざしと社会学者の見識をそなえた技術者です。

麻井は最後の著作『ワインづくりの思想』（中公新書）のなかで、ドイツでこうした技法で造られたモーゼルワインをいち早く現地で飲み、ワイン造りにおける来るべき技術の革新を予感したと述べています。麻井がいうように、こうした技術革新がドイツでまず始まったのは、偶然ではありません。ドイツがビール産国であり、もともと原料重視の果実酒であるワインよりも、穀物の糖化という過程を経る技術重視の穀物酒であるビールを作ってきたからです。他のアルコール飲料の製造で応用されていたさまざまな醸造技術がワインに導入されるのが遅れたのは、ワイン産国の伝統としてワインが長年農産物とみなされてきたためです。

そもそもワインは、果実であるぶどうの栽培という農産物の側面と、農産物であるぶどうを果汁にして醱酵させる工業製品の側面を併せもっています。農薬の散布や機械による収穫など農産物の生産にも技術は作用しますが、人間が積極的に関与しないと成立しない醸造という段階では、技術が介入する余地は非常に大きくなります。

こうして、ドイツが先鞭をつけた新たな醸造技術の導入による技術重視のワイン造りは、ワインが土地の味を表現する農産物であるという伝統をもたない新大陸で、その後一気に広まっていきます。フランスでもそうした技術を取り入れる生産者はいましたが、少数派でした。ただし、この時点では、まだ「テロワール」という言葉が意識的に語られていたわけではありません。なぜなら、ワインが土地の味であることは当たり前でしたから。

技術から、ふたたびテロワールへ

ここで、ワイン造りで醸造技術がいかに重要であるかをまざまざとみせつける事件が起こります。のちにパリとギリシャ神話の英雄パリスとを引っかけて「パリスの審判」と呼ばれる事件です。

一九七〇年代のパリで、イギリス人スティーヴン・スパリュアは「アカデミー・デュ・ヴァン」というその後のワインスクールのモデルとなるワイン教室を開き、ワインショップを併設して手広くビジネスを展開していました。私もパリで暮らしていたころ、ちょっといいワインを買う際には、その店舗によく足を運びました。品ぞろえが豊富で、ワインスクールを運営しているためか、説明がとても丁寧でした。

そのスパリュアが一九七六年に、アメリカ独立百周年を記念して、フランスワインとカリフォルニアワインの比較試飲会を開催しました。審査員九名はすべて名だたるフランスのワイン関係者で、フランス四本、カリフォルニア六本の白赤各十本の高級ワインを目隠しで試飲し、順位がつけられたのです。問題は、その結果でした。大方の予想を覆して、赤白ともカリフォルニアワインが第一位に輝きました。赤では五位、白では三位と四位もカリフォルニアでした。

この事件をめぐってはさまざまなことが語られ書かれましたが、重要な点は、ワインの国フランスで、フランス人によってアメリカの新しいワインが認知されたことでしょう。これまでの話の文脈からいうと、技術を活用して作られたワインが伝統的手法で造られたワインを凌駕した、あるいは少なくとも十二分に伝統的なワインと対抗できるという思いを広めたのです。

遅ればせながらフランスでも多くのワイン産地で、程度の差こそあれ、醸造技術が見直され、新たなテクノロジーが大手生産者を中心に導入されていきます。大手が中心となったのは、こうした技術をになう機器が高価だったからです。香りを自由に選択できるアロマ酵母に始まり、果汁を濃縮する果汁濃縮器や早くからすでにまろやかでふくよかに仕上がる微酸化作用などの手法が導入され、一見ワインの品質は向上します。ヴィンテージ差もなくなり、いつも美味しいワインができるようになりました。この先頭に立ったのが、一九八〇年前後からボルドーやブルゴーニュなどの銘醸地で活躍しだしたエノローグといわれる醸造コンサルタントたちでした。ミシェル・ロランやギイ・アッカといった人たちです。

一見いいことずくめの技術革新ですが、この技術重視は当然の結果として画一化を生みます。一九九〇年代になると、技術重視で造られたおしなべて果実味が濃厚で重めのワインへの反動から、徐々にワインが土地の味であることがフランスで見直されるようになります。こうしてワインはテロワールの産物であると語られだしたのです。

この技術偏重のワイン造りへの反省は、環境問題とも結びつき、除草剤や化学薬品を使わない有機農業によるワイン用ぶどう作りや、さらに徹底した自然農法であるビオディナミのワインへの適用へと広がりました。ここ十年は法的規定だけに縛られ、売るための宣伝文句となりつつある有機ワインへの反発から、より柔軟な「自然派ワイン」ヴァン・ナチュール（vin nature）というワイン造りも生まれています。

つまり、新大陸発信の技術重視のワイン造りが、結果としてワイン伝統国フランスのワイン造りのアイデンティティを自覚させたといえるでしょう。ワインは土地の味であるということを。

フランスのテロワールは美味しいワインを生むのか？

以上のことから、「なーんだ、結局、フランスという国土が大きな意味で良質なワインを生むテロワールで、それを各ワイン産地が個性豊かなテロワールとして支えているという話じゃないか」と思われるかもしれません。話がここで終われば、たしかにこれまで何度となく繰り返し語られてきた「フランスワイン礼賛」になってしまいます。

もちろん、私はフランス文学の研究からフランスと関わり、その後フランスワインの魅力に惹かれて飲食研究の道に入ったので、フランス文化の偉大さには大きな敬意を払っています。しかし、そんな私に物事を冷静にみることの重要性を教えてくれたのも、フランスでした。

フランスワインの土地ごとの違いを実感して、ワインにはまっていった三年間のフランス生活のなかで出合い、その後二冊の著作を訳すことになったフランスの歴史地理学者ロジェ・ディオンの著作がフランスワインの見方を劇的に変えてくれたのです。

ディオンは、「フランスの知の殿堂」というべきコレージュ・ド・フランスで長年にわたって教鞭をとっていました。コレージュ・ド・フランスは十六世紀に国王フランソワ一世によって設立された教育機関で、当時支配的だったカトリックイデオロギーに影響されない自由で質の高い教育を市民に施すことを目的としています。

文化人類学者のクロード・レヴィ＝ストロース、哲学者のミシェル・フーコー、文学者のロラン・バルト、作曲家のピエール・ブーレーズ、社会学者のピエール・ブルデューなどそうそうたるメンバーが教壇に立っています。各学問分野一名だけですから、その分野の第一人者が各科目を担当していると考えていいでしょう。なんと贅沢な学校でしょう。

しかも、これらの講座はすべて無料で、だれでも受講可能です。設立当初の自由かつ質の高い教育を万人にという理念が継承されているのです。日本風にいえば、公開の市民講座です。そんな市民講座に当代一流の講師陣をそろえているところに、文化大国フランスの底力が表れているといえるでしょう。

そのコレージュ・ド・フランスで、ディオンは一九四八年から一九六八年まで、なんと二十一年間、地理学を講じていました。そのディオンの主著が、私が同僚二人と四年がかりで訳した『フランスワイン文化史全書』（国書刊行会）です。

ディオンはこの大著で「フランスのテロワールはほんとうに天から美味しいワインを生む自然条件を与えられているのだろうか」という根本的な問いかけをします。ディオンはみんなが当たり前と思っている事柄、当たり前と思われているゆえに事実とみなされている事柄にあえて疑問のまなざしを向けたのです。

ここからは、ディオンの主張を主軸にまずフランスワインについて考えていきたいと思います。ディオンが展開した考察は、フランスがワインの適地として広く認知されている一方で、日本は雨が多く湿気がちの気候のためワインのテロワールとして最悪と長年いわれ続けてきた事実が、はたして宿命なのかという問いを考えることにつながります。

日本ではあくまで適地であるフランスをモデルにしてワイン造りをするしかなく、飲むほうも日本のワインがどれだけお手本のフランスワインに近づいているのかを基準に評価するという、やや卑屈な手本勉強主義からの脱却の可能性も、こうした考察から間接的に導きだされてくるでしょう。

言い換えれば、歴史地理学者にならい巨視的な視点から歴史を振り返ることで、フランスワインのテロワールが本当に良質なワインを生む自然条件をそなえているのかどうか、検証したいのです。そして、それはとりもなおさず、日本がワイン用ぶどう栽培のテロワールたりえるのかということを、あらためて問い直すことになるでしょう。

フランスの各地で復興するワイン造り

ここでちょっと回り道をします。

意外なことに、ここ十数年、フランスの各地でワイン造りが復興しています。フランスやイタリアだけでなく、新大陸をはじめ世界各地から良質のワインが入ってくる日本では、多様なワインの情報を追うことに熱心だったり、フランスの銘醸地のワイン造りの動向に気をとられがちで、ワイン産地としてはマイナーな土地での動向は知られていないのではないでしょうか。

私はワインを毎日飲むワイン愛好者である一方で、飲食文化研究の一環としてワインの生産と、ワインが社会的にどう受け入れられるか、つまり受容ということを考えています。ですから、フランスの有名ワイン産地を定期的にめぐってフィールドワークするかたわら、フランスでの新たなワイン産地の形成にも関心を抱いています。

ブルゴーニュやボルドーの南の南西地方のほかローヌ川やロワール川流域など、もともとワイン産地として有名な地域でぶどう畑が再興されたり、拡張されたりするのは、わかりやすい事例です。しかし、ここで取りあげるのは、気候条件がワイン用ぶどう栽培に適していないとされる地域でのワイン造りです。

最初は、フランス北西部のノルマンディ地方の事例です。ノルマンディ地方は北に位置して寒い海に面しているため、ワイン造りにもっとも不適な土地とみなされてきました。事実、年間降雨日が二百日を超えることもあり、湿気が多く、夏でもからっと晴れる日は多くありません。ぶどうの生育に必要な日照が不十分なのです。

ちなみに、フランス人にノルマンディ産のワインを飲んだといったら、それはシードルの間違いだろうといわれるのがオチでしょう。そう、北の雨がちの気候のためぶどうができず、そのためリンゴから微発泡性の果実酒シードルを造り、それでワインの代用としているのです。

そのノルマンディの一角で、すでに二十年以上前から良質なワインを造っている人がいます。

カルヴァドス県の県都カーンに住むジェラール・サムソンさんです。サムソンさんは一九九五年にカーンの南東三十五キロにあるサン・ピエール・シュル・ディヴ村のグリジーの丘陵地帯に〇・五ヘクタールのぶどう畑を拓きました。その後着実に拡張を重ね、現在では五ヘクタールになっています。

私がサムソンさんのことを知ったのは、二〇〇〇年四月から二〇〇一年三月までの一年の研究休暇の折にエクス・マルセイユ大学の研究員として南仏の古都エクス・アン・プロヴァンスに滞在していたときのことでした。休暇にどこへ行こうかとホテル・レストランガイド『ゴーミヨー』の二〇〇〇年版をパラパラとめくっていると、カーンのレストラン「ブーリード」の項目に、ここでは「ノルマンディの見事なワイン」が飲めると書かれていたのです。

週末を利用して南仏のエクスから約千キロ北にあるカーンに赴き、「ブーリード」でノルマンディのワインを賞味しました。さわやかな酸味のなかに厚みと複雑さをそなえたピノ・グリ種の白です。いきなり「ノルマンディワインがありますよね」と問いかける私を変な東洋人の客だと思ったにちがいありません。サービスを担当するオーナーシェフの奥さまに事情を話すと、畑の位置とサムソンさんの電話番号を教えてくれました。ワインへの情熱は伝染しやすく、ワインについての話は国際言語なのです。

ノルマンディ特有の雨上がりのぬかるみに、何度も車のタイヤをとられそうになりながら、早速グリジーの畑を確認しました。一月ということもあって、ぶどうの木はすべて葉が落ちて枯れ木状態でしたが、かえって周りに何もない牧草地の丘の上で、丁寧に垣根仕立てにしつらえられたぶどう畑の姿が異彩を放っていました。

その後、近くの町まで戻り、サムソンさんに電話をして事情を話すと、事務所で会ってくれるといいます。こうしてサムソンさんがワインの適地ではないノルマンディでワイン造りを復興させた経緯を詳しく知ることができました。

サムソンさんの職業は公証人で、土地売買に関わる法律家です。彼はノルマンディに中世までは上質なワイン造りがあったことを調べあげたうえで、ヴァカンスのたびにブルゴーニュでワイン造りの研修を受け、水はけと日当たりのよい適地を探してぶどう畑を開設しました。

作っているのはすべてワイン用品種（ヴィニフェラ）で、サムソンさんによると北の気候でも育つものを選んだとのこと。私が賞味したピノ・グリのほかに、オーセロワ、ミュスカデとドイツ系のミューラー・トゥルガウ。北の気候に合わせてすべて白品種で白ワイン。シャンパーニュやドイツなどが白主体であることを考えれば、賢明な選択です。

でも、なぜ、そうまでしてワイン造りにこだわるのでしょうか。サムソンさんは自分の土地でワインを造り、そのワインを自分で飲むことは大きな喜びだと語りました。公証人として県の行政にも関わるサムソンさんが、経済的理由からワイン造りをしていないことは明らかです。

土地に関わる仕事が幸いしたことも間違いありません。法律家としての知識も大いに役に立ちました。というのも、現在フランスでは新たなワイン用ぶどう畑の開墾は原則として政府が禁止しているからです。理由はワインの生産過剰です。サムソンさんは、土地に関する法律家だったから何とかなりましたが、それでも認可まで三年かかったそうです。

こうして「アルパン・デュ・ソレイユ」(Arpents du Soleil)という銘柄で、ラベルに「ノルマンディのワイン」「カルヴァドスのヴァン・ド・ペイ」と正式に記載されたワインが生まれました。後者を日本語にすると「カルヴァドス県の地ワイン」となります。地理的表示保護制度(GI)によってフランスのみならずEUで正式保護された名称です。二〇一一年より「カルヴァドス グリジー」がGIの正式名称になっています。

現在では、ネット上でワインを買うことも可能です。地元の観光局が後援して、ぶどう畑とワイナリーをめぐるツアーも定期的に開催されています。サイトで確かめると、私が訪れたときには樹脂製だった醱酵桶も最新のステンレス製に替わっています。最初の年は収量が少なく、試験的にハンカチで搾ってその果汁をワインにしたと語っていたのとは大違いです。

フランス人にとっては、ノルマンディでワイン造りが行われているというだけでも驚きです。しかも、ホテル・レストランガイドが「見事なワイン」と称賛する品質をそなえているとすれば、驚きはひとしおです。日本でいえば、東北地方で上質なバナナやパイナップルが作られているといった感じでしょうか。

事実、私が訪問した最初のヴィンテージから三年目の二〇〇〇年冬の時点で――というのも、ぶどうの木を植えてから三年目にはじめてワインを造ることが認可されるからですが――すでにノルマンディの『ミシュラン』で星の付いた高級レストランで出されているとサムソンさんは語りました。

当初は四種類だったぶどう品種も七種類に増え、ピノ・ノワールによる赤が加わりました。五〇〇ミリリットルのボトルで年間約一万五千本のワインが生産されています。価格も一本当たり十ユーロほどで（一ユーロ約百四十円のレートで千四百円ほど）、十ユーロ以下で日常用のワインが買えるフランスでは少し高めですが、けっして高価なワインではありません。北での栽培を考えるとリーズナブルな価格といえます。

これは郷土の誇りというだけではありません。ディオンは古文書から最北の地でのワイン造りが十九世紀まで細々と続いていたことを確認しています。その復興は、歴史学的、地理学的な観点からみてもとても貴重な事例です。

村長がワイン造りを復興

村をあげてワイン造りを復興した事例もあります。ロワール川流域の北部にある人口千五百人ほどの村サン・ドニ・ダンジュです。

ロワール川流域は一大ワイン産地ですが、サン・ドニ・ダンジュのある北ロワールのマイエンヌ県はノルマンディに近い気候でワインを産出しない県として知られています。

そんな地域の小さな村で、ワイン造りを復興しようと思い立った村長がいました。ロジェ・

ゲドンさんです。フランスでは議員の兼職が可能で、一九八三年以来三十年以上にわたって村長の職にあるゲドンさんは、二〇一五年までは二十七年間マイエンヌ県議会の議員も兼ねていて、地域の活性化に大きな役割をはたしてきました。ゲドン村長の功績のひとつが二十世紀初頭までは六百ヘクタールあったというワイン用ぶどう栽培の復興でした。

私がこの小さな村の大胆な試みを知ったのは、フランスに滞在していた二〇〇三年にみた地方ニュースでした。現在では、ノルマンディのぶどう畑同様、サン・ドニ・ダンジュの事例もネットで検索できます。ネットの情報によると、一ヘクタールのぶどう畑が池に面した斜面に復興されたのは一九九八年で、ワインは規定通り三年目の二〇〇〇年から作られており、ロワール特有のシュナン・ブラン種から造られる白ワインは毎年七五〇ミリリットル入りで二千五百本から五千本とあります。ワインの総生産量が年によってこれほど異なるのは、北の厳しい気候のせいでしょう。

名前は池の名称であるモリニエールにちなんで「クロ・ド・ラ・モリニエール」。クロとはクロ・ヴージョとかクロ・ド・タールなど、もともとブルゴーニュによく見られる修道院所有の囲い地のぶどう畑を意味します。

大学の休みを利用してはじめてそのぶどう畑を訪れたのは、二〇一二年のことでした。九月の第二週だというのに、コートが必要なほどの肌寒さで、小雨がぱらつく太陽のみえない日でした。民宿「ラ・メゾン・デュ・ロワ・ルネ」の女主人ドミニクさんの案内で早速、マイエンヌ県唯一のぶどう畑を見学しました。

垣根仕立てになったぶどうの垣根ごとに小さなプレートが付いているので、ドミニクさんに尋ねると、地元のマイエンヌ県の青年会議所が中心となって地方企業に働きかけ、複数の企業が区画ごとに財政援助をしており、それを示すプレートだということです。こんなところにも、県会議員を兼職した村長の手腕と人脈が生かされているのでしょう。収穫も商工会議所青年部のリーダーシップでボランティアの地域住民が参加して行われます。ワイン造りによって地域の一体感が実現していることがわかります。

ノルマンディのぶどう畑ほどではありませんが、村の公式サイトには、北ロワール唯一のワイン用ぶどう栽培が誇らしげに喧伝されています。私のようにぶどう畑のためだけに訪れる観光客はあまりいなくても、訪れた寒冷地でぶどう畑がありワインが造られていると知れば、興味を示さないフランス人は少ないでしょう。消費が落ちているといっても、ワインはやはりフランス人の食卓に欠かせないものだからです。

マイエンヌ県のぶどう畑も二〇一二年には寒さと雨のために収穫がゼロで、ワインができなかったとドミニクさんが説明してくれました。年間の生産量に開きがあるどころの騒ぎではありません。村長の情熱と県の商工会議所の支援がないとワインができない厳しい気候であることがわかります。村役場で、そのワインを六本購入しました。ラベルは毎年地元の画家が描いた絵です。値段は七ユーロ、けっして高くありません。

次の朝、ドミニクさんが村長に会わないかといいます。ワイン造りについて村長から直に話を聞ける機会なので、喜んで会うことにしました。

村役場の村長室で面会したゲドン村長は七十代後半とは思えない活動的で魅力的な人物です。公式には二十世紀初頭にサン・ドニ・ダンジュのワイン用ぶどう栽培とワイン造りは消滅したとされていますが、ゲドンさんが子どものころはまだあちこちにぶどう畑が残っていて、いくつかの家が自家用のワインを造っていたそうです。ただ、「味は?」と尋ねると、あまり丁寧に造られていない日常用のワインをフランス人が形容するときに使う「喉を掻きむしるようなすっぱさ」だったと笑いながら話してくれました。

では、なぜそんなワイン造りを復興したのかと聞くと、ゲドン村長はこう答えました。「自分たちで造ったワインを飲む喜びは何物にも代えがたい。ワインを造ることはそれぞれの土地にとってとても重要なことであり、土地の思いを表現するものです。すでにぶどう畑の周りの土地も一部、個人の出資で取得していて、近い将来ぶどう畑を拡張する予定です。現在は醸造をアンジュ地方のコトー・デュ・レイヨンのワイン生産者に委託していますが、いずれ村にワイナリーを立ちあげ、自分たちの手で行いたい。将来AOC(原産地呼称統制:特定の条件を満たしたものに対して与えられる品質評価)を獲得するのが夢です」

地域住民を巻き込んだ官主導のサン・ドニ・ダンジュのワイン造りは、単なるノスタルジーからの行動でも、観光客を呼び込むための方策でもありません。そこには、ゲドン村長が明快に述べ、ドミニクさんが共有している、それ以上の思いが込められているのです。

日本に帰り、そのワインを飲んでみたところ、「喉を掻きむしるようなすっぱさ」どころか、シュナン種特有の酸味と甘味がほどよくバランスのとれた、さわやかさと厚みのある美味しいワインでした。

消滅の理由と復興への熱意

では、北の大地で多くのワイン用ぶどう栽培とワイン造りが、なぜ放棄されたのでしょうか。その理由は、流通手段が確保されたからです。十九世紀に鉄道を中心に近代的流通手段が発達すると、南のぶどう栽培の最適地から安いワインが廉価な輸送費でフランス全土に出回りました。厳しい気候条件で苦労してワインを造る理由が、経済的な意味でなくなったのです。

さらに、十九世紀後半のフィロキセラの災禍がこの傾向に拍車をかけました。フィロキセラとはアメリカからやってきたぶどうの木に巣くう根アブラムシで、フランスのぶどうの木はこれに耐性がありませんでした。いろいろな対策も虚しく、約二十年間でほぼすべてのぶどう畑が壊滅しました。この害虫から木を守る唯一の方法は耐性のあるアメリカのぶどうの木を台木として、それにフランスのぶどうの木を接ぎ木するというものでした。しかし、これには手間と費用がかかります。財力のない零細な家族経営のぶどう農家にはできない手法でした。

また、これらの北の地方で造られていたワインの品質があまりいいものではなかったということもありました。多くは、ゲドンさんが「喉を掻きむしる」と形容したように、庶民が毎日飲む「がぶ飲み」系のワインでした。十九世紀のフランスでは、ワイン消費が成人男子一人当たりだいたい一日一リットルにも達していました。流通手段が発達して、南の安くてそこそこのワインが入手できるようになれば、いずれそれらのワインに席を譲る運命にあったのです。日本でチリやオーストラリアの安価でそれなりの品質のワインが、同じような品質でありながら、割高なフランスのワインを凌駕している状況に似ています。

つまり、生産は消費者の受容、つまりどういう形でどういうワインを受け入れるのかに規定されるということです。経済的な見地からいえば、需要が供給を規定するとも言い換えられるでしょう。ただ、ワインの消費を飲食文化としてみるとき、経済的な需要の前に、どんなワインをどういうふうに受け入れるのかという価値判断としての受容があるといえます。安いデイリーワインにはそれほど手間隙をかけず造られる南のワインこそ、ふさわしかったのです。

十九世紀中葉から二十世紀初頭にかけて、近代的な流通手段の発達にともなって放棄され消滅したぶどう栽培とワイン造りが、なぜいまフランスのあちこちで復活しているのでしょうか。

その理由は、すでにサムソンさんの「自分の土地でいいワインを造りたい」という言葉や、ゲドン村長の「土地の思いを表現するもの」という説明によく表れています。自分の土地で自分のワインを造りたいという言葉からは、ワイン造りの動機が、かつてのように日常的に飲むためにワインを造った時代とは異なり、土地を表現したそれなりに美味しいワインを造ることにあることがうかがえます。

流通が飛躍的に発達した現代では、日常消費のワインをわざわざ北の厳しい気候で造る必然性はなくなりました。経済的にはほぼ無意味です。自分だけでなく他の人にも評価されるワインを造ってこそ、意味があるのです。自分の土地でいいワインを造りたいという情熱が、こうしたワイン造りの復興を支えているのです。

地産地消では品質は向上しない

ノルマンディと北ロワールの事例はともに、結果としてのワインだけでなくワイン造り自体が観光資源となっていることを示唆しています。つまり、現地の人ではない外部の人が見学に訪れ、購入しているということです。これは意外に見落としがちな重要な点です。

ディオンは『フランスワイン文化史全書』のなかで、マイナーなワイン産地のワインの流通を改善するために財政支援すべきかどうか、かつて複数の地方を政府が現地検証し、ほぼすべてのケースで、ワインの質がいまひとつで、地元での消費だけがふさわしい、したがって援助の必要なしと結論づけていると述べています。しかし、ボルドーもブルゴーニュもパリや外国に運ばれ、そこで他のワインと競合したからこそ、ワインの品質を上げてきた、とディオンは指摘します。競合にさらされるからこそ、造り手は品質を上げようと努力するのです。

現在はスローフード運動によって「地産地消」が見直されていますが、近代の初期においては、地産地消だから品質が向上しなかったというのです。流通が発達していなかった近代以前では、そうした地産地消も意味がありました。しかし、ノルマンディやサン・ドニ・ダンジュ村のワイン生産の消滅が示すように、流通が発達して他の地域の品質がよくて手頃な価格のワインが流入してくると、地産地消だけが頼りのワイン造りは衰退し滅亡します。日本でも同じ理由で地方の日本酒の蔵元が潰れていきました。

外の人に受容され、消費してもらうことこそ、品質向上の要なのです。品質向上をうながすのは、外地消費による競合にほかなりません。

こうした見地に立って、ディオンはマイナーな産地で品質がいまひとつなのは、まさに現地消費だけを目的としてきたからであり、現地消費用の品質の劣ったワインという判断は本末転倒だと論断しています。現地消費に限られていたから品質が向上しなかったのです。

ワイン造り自体が外部の人々に評価され、消費が伸びているノルマンディや北ロワールの事例は、まさにディオン的な視点を実証しているといえるでしょう。

しかし、ぶどう栽培に向かないとされてきた日本に暮らす私たちに、これらのワイン生産の復活は、それ以上に重要なことを示唆してくれます。それは、厳しい気候条件でも、土地にそくした人間の努力次第で、ワイン用ぶどう栽培とワイン生産は可能であるということです。

歴史的に悪条件下でワイン造りは行われてきた

二〇一四年の夏、十四年ぶりに南西地方の小さなワイン産地マルシヤックを再訪しました。南西地方アヴェロン県の県都ロデスの北西約二十キロの渓谷地にある人口千六百人余の小さな町です。マルシヤックのワインは一九六七年にAOCのひとつ格下のVDQS（原産地名称上質指定）の指定を受けたあと、品質を改良し、一九九〇年にはAOCに昇格しました。

十四年前に訪れたときは十二月で、ぶどうの木は冬枯れの様相を呈していましたが、それでもぶどう畑に覆われた町を望む山や丘が町の中心部のすぐそばまで迫っている風景に驚きました。今回は九月だったため、山や丘の全体が緑に色づき、ぶどうも実っているので、ぶどう畑がさらに町の目抜き通りまで迫るような感じです。

ここを二度も訪れたのは、ディオンの邦訳（『ワインと風土』『フランスワイン文化史全書』）に携わるうちにこの地を自分の目でみてみたいと思うようになったからです。

一般に南西地方は、その緯度から夏暑く、ワイン用ぶどう栽培に適していると思われがちですが、県都ロデス周辺のルエルグ地方は高原地帯にあり、平坦な場所での穀物栽培は可能でも、ぶどう栽培には向いていません。

ロデスは、周囲の高原地帯を見下ろす丘の上に広がる古都で、町に向かう国道からは、ファサードの中央棟に神殿風の建物をいただく赤茶色の大聖堂を望むことができます。町の見晴らしのいい場所に立ってみると、たしかにここは戦略的な要所であり、周囲のなだらかな丘陵地帯は穀物栽培に向いていても、高い丘の斜面は風雨にさらされて、ぶどう畑を作るのは無理だとわかります。

ディオンによると、古代末期、ブルゴーニュをはじめ多くのローマ帝国支配地でワイン造りが始まるなか、ロデスの市民たちはなんとか自分たちもワインを造ろうと、歩いて一日かかる北西約二十キロのところにあるマルシヤックの渓谷地帯に、周囲の高原を襲う風雨から防御された傾斜地をみつけて、ぶどう畑を開墾し、ワイン造りに取り組みました。

ぶどう畑に覆われた小高い山々が町の目抜き通りに迫る光景はこうして造られました。そんな歴史を知らないと、マルシヤックの町の周りにぶどう畑が迫っていると映りますが、実は周囲の丘にぶどう畑を拓き、ワインを造るためにマルシヤックの町が形成されたのです。その歴史を知れば、山々に石を丁寧に積み上げた何段ものテラス状のぶどう畑がしつらえられている様子は感動的ですらあります。

ディオンはマルシヤックについての記述を、十九世紀のある農学者の文章で結んでいます。

「そこ（マルシヤック）にぶどう畑を拓き、栽培を監督するための住居やワインを貯蔵するための地下蔵を作るのは、かつては正しき振る舞いであった。しかし、今日そのようなことをすれば悪しき振る舞いとなろう。そして、このぶどう畑は、昔から存在しているのでなければ、けっして存在しなかったにちがいない。しかし、それが現に存在し、この小郡の同規模の諸地域と比べて十倍の人口を有し、それらの人々が生活している以上、このぶどう畑は存続し、拡張し、改良されていかねばならない」

目抜き通りのカーヴ（ワイン屋）でマルシヤックのワインを買いがてら、店主にいろいろと尋ねると、地元のワイン造りとその品質について熱く語ってくれました。私が十四年前に訪れたときよりも、生産者は増え、試飲したところ、ワインの品質も向上しています。

ＡＯＣ法上、地元でマンソワと呼ばれるフェール・セルヴァドゥーという地方品種を八〇パーセント以上使用することが義務づけられています。それを受け、いまでは多くの生産者がフェール一〇〇パーセントであることをラベルに表示しています。こんなところにも地方の誇りが読みとれます。というのも、十四年前、南西地方をめぐったときは、許すかぎりカベルネやメルローなどのボルドー系品種を使ってボルドー的なワインを造ろうとする生産者が目立ったからです。

十四年前には、無名の地方のワインによくある野卑さを感じました。しかし、今回はフェールの特徴が、厚みのあるタンニンを特徴とするボルドーと異なり、タンニンがあっても全体に柔らかく、果実味があることに気づきました。そんなフェールの特徴に気づけたのも、マルシヤックの生産者が誇りをもって丹念に地元の品種を育て、ワインに醸しているからでしょう。

なぜワイン生産にこだわるのか？

古代から続くマルシャックのワイン造りと関連させて、もう少し広い視野で、フランスの各地がワイン生産にこだわる理由を説明しておきましょう。

まず、古代の状況を押さえておく必要があります。古代後期から中世初期は流通がいまほど安定しておらず、とくにローマ帝国崩壊後は困難になります。古代にはアンフォラという陶器の壺に入れて運んだワインは、液体で重いうえに、容器が壊れやすく、輸送が厄介でした。そのため、各地で自前でワインが造られるようになっていきます。

さらに重要な点は、ワインがもつ文化的な価値です。ワインは古代ギリシャ・ローマ文明以来の文化的な飲み物です。ソクラテスやプラトンは、ワインを飲みながら哲学的議論をしました。ギリシャ語で「シンポジオン」と呼ばれたこうした集団的討議は、英語のシンポジウムの語源です。「シン」とは一緒にという接頭辞で、「ポジオン」は「飲むこと」です。飲むといえば、日本でも「ちょっと飲みにいこうか」と誘って、飲むのがお茶や牛乳ではないように、アルコール飲料と相場が決まっています。古代地中海のアルコール飲料といえばワインでした。シンポジオンとはワインを飲むことであり、飲みながら議論することでした。

さらに、この文明的な意味に、キリスト教がワインをキリストの血としてミサで使用するようになったため、宗教的な象徴性が付加されました。文献によると中世までは、だいたい三日に一度はミサが行われていて、一人一口としても大量のワインが必要でした。

このような文化的・宗教的価値をになったワインを造ること、とくに他の地方まで輸送される上質のワインを造ることは、その土地の名誉となっていきます。

これが古代ローマ帝国の支配地域のほぼ全土で、ワイン生産が試みられ、多くの場合、厳しい気候条件を乗り越えてワインが造られてきた歴史的な理由です。

こうして、各地で古代市民や聖職者を中心に、最初は経済性を無視して甚大な初期投資で敢行されたワイン生産は、ブルゴーニュやボルドーをはじめとしたいくつかの地域では、生産されるワインが高品質だったため、その後、優良な輸出産業となっていきます。これもサムソンさんやゲドン村長が観光資源としてワインを造ろうとしたのではなく、自分の土地でいいワインを造りたいと情熱をもって努力し、その結果、できるワインとワイン造りが観光資源になっているのとよく似ています。

そもそも、ちょっと村興しでワインを造ろうという安易な気持ちで、いいワインなどできるはずはありません。いいワインを造ろうという真摯（しんし）な思いこそ、幾多の障害を乗り越える原動力なのです。

サムソンさんやゲドン村長が自分の土地でいいワインを造りたいという思いは、実はこうした歴史的なワインへの思いと深いところでつながっているのです。

フランスの三大ワイン産地はワイン生産の適地なのか？

フランスの三大ワイン産地は、ボルドー、ブルゴーニュ、シャンパーニュだといわれます。それは、これらの地域が大量のワインを生産しているからではありません。質のいいワインを造っているからです。三大の「大」とは量ではなく、「質」をさしています。

では、なぜこの三つの地域で他より優れたワインが造られているのでしょうか。

もっともありふれた答えは、これの地域がいいワインを生む自然条件をそなえていた。つまりワイン生産の適地だったというものです。でも、ここまで本書を読んできた読者なら、そうした一見納得できる説明が、大局的にみるとかならずしも正しくはないと思い始めているのではないでしょうか。

物事を大局的にとらえる見方は、とても重要です。とくに、日本人はワインというと、いきなり畑ごとの土壌の違いや微気候の影響などを考えて、すぐに細部に目をやってしまう傾向が強いのでなおさらです。

フランスのワイン産地の地図をよくみれば、これらの地域が、本来ワイン用ぶどう栽培に適している長い日照時間と乾燥を特徴とする地中海沿岸から離れていることに気づきます。

ブルゴーニュは北海道より北に位置し、夏には日照があっても、内陸性の厳しい気候で、冬の寒さはひとしおです。

シャンパーニュはさらに北に位置し、ぶどう栽培の北限といわれてきました。事実、文献によると、かつては三年に一度はぶどうが実らないこともあったといいます。北ロワール以上の厳しさです。栽培技術が進んだいまでも、基本的にその年に収穫されたぶどうを使って造られるヴィンテージ入りシャンパーニュは毎年造られているわけではありません。

比較的南に位置する温暖なボルドーも、大西洋に面し、湿気の多いことで知られています。私は一九八〇年代の夏にはじめてボルドーを訪れて、その湿気に驚きました。

では、これらの地域で高品質なワインが造られるようになった要因とは何なのでしょうか。それは、端的にいって、厳しい自然条件でワインを造る人間の側の意欲とそれに見合った努力です。ディオンは「品種の開発」「土地の改良」「緻密な観察」「絶え間ない労働」だと述べています。

ここで、これら四つの要因がすべてぶどう栽培に関わるものであることに注目しておきましょう。古代から近代初頭までは、醸造技術も、ぶどうを潰して甕（かめ）や桶に入れて自然酵母による醗酵を待つというシンプルなものであったため、ワイン造りは農作業の延長線上にあったのです。

私はこれを「北の逆説」と名づけました。北の厳しい自然条件こそが人間に努力を強い、それが美味しいワインを生むという意味です（『ワインと書物でフランスめぐり』国書刊行会）。

ボルドーでの排水の努力とブルゴーニュでの土壌改良

いまやボルドーのワイン生産の心臓部ともいうべきメドック地方ですが、銘醸ワインの産地になったのは、湿地だった土地に大々的な排水工事を行ったからでした。

ボルドーの有名な一八五五年の格付けに、メドックのシャトーに交じって、ひとつだけ現在はペサック＝レオニャンとなったグラーヴのシャトー・オ・ブリオンが入っています。

ボルドーには紀元一世紀にぶどう畑があり、ワイン造りが行われていました。しかし、それはボルドーの町の周辺に限られていました。とくに湿地だったメドックは、ワイン用ぶどう栽培に向いていませんでした。

そんななか、十七世紀後半、ボルドーの町に近い場所にぶどう畑をもっていたド・ポンタック家の当時の当主はぶどう畑に排水設備を整えてワインの品質を向上させます。それがいまのシャトー・オ・ブリオンです。

当時の当主はボルドー高等法院の法服貴族で議長を務めていました。高等法院は現代風にいえば地方政府であり、議長は首相に当たります。彼はその財力を生かして自分の畑に排水工事を施し、ワインの品質を上げて、ブランド化に成功します。この事例に多くの貴族たちがならい、湿地だったメドックの土地を改良していったのです。

一八五五年の格付けにグラーヴのオ・ブリオンが入っているのは例外ではなく、オ・ブリオンこそ排水という人間の努力でワインの品質が向上することを示した先駆だったからなのです。ボルドーと並ぶワイン産地ブルゴーニュでも、同じように土地改良の努力が行われました。ディオンは、フランスのワイン産地をくまなく検討したうえで、「最終的に経験上明らかになったのは」「より多様な鉱物質を含んだ土壌で最良な結果」が得られるということだと確認したあとで、次のように付け加えています。「自然のなかでこの種の複合土壌が見られるのは、さまざまな岩の露出した斜面の麓に土砂が堆積して作られる土地」であるが、「しかし、多くの場合は、人工的に土を運びこむことによって、ぶどうの植えつけに最適と見なされる混合土壌を作りださねばならなかった」と。

こうした努力をもっとも熱心に実践した地方のひとつがブルゴーニュでした。ディオンはコート・ドールに新しく拓かれたぶどう畑に関する一八二九年の県当局の報告書について言及し、「この件に関して県当局が提出した報告書には、これらの新しいぶどう畑から良質のワインが得られる理由として、われわれが期待するような土地の良好な自然条件ではなく、純粋に人的な次のような三つの事項が挙げられている」と前置きし、「土の搬入、品種の選択、それに忍耐強い労働」という報告書の文を引用しています。

さらにディオンは次のように続けます。

「このようなことは、良質なワイン造りに成功したフランスの偉大なワイン産地であれば、どこでも当てはまったにちがいなかった。自然は、場所によって程度の差はあるものの、これらの基本となる必要不可欠な労働を助けたにすぎない。自然が人間にこれらの務めを免除した試しなど一度たりともなかったのである」

要するに、ボルドーもブルゴーニュも適地だからいいワインが生まれたのではなく、適地でないがために人間が土地の欠点に見合った努力をして、はじめていいワインが造られるようになったというのです。さらに、そもそもそうした理想的な適地などまず存在しないとさえ断言しています。どの土地でもそれなりの人間の側の努力があって、いいワインができるのだと。

こうした状況を、ディオンは「ぶどう畑は自然環境の表現である以上に人間の創造物である」とまとめています。

こうした歴史的事実をふまえたディオンの主張は、自然条件が「悪いとされる」日本でのぶどう栽培とワイン造りを励ましてくれるのではないでしょうか。ワインの飲み手の側からいえば、それは日本産の美味しいワインに出合えるということにほかなりません。

ワインといえばフランスだと信じているとしたら、日本産の美味しいワインと出合うチャンスを見逃しているという可能性も十分あるのです。フランスでさえ長年の努力でいまのワインを造り、カリフォルニアがすでにフランスに匹敵するワインを生んでいるのですから。

しかも、土地に見合った努力が、ブルゴーニュやボルドーの個性を生んだのですから、日本産のワインが厳しい自然条件を克服したときの個性は、ほかに例のないものになると予測できます。ワイン好きとしては、そんな日本的な個性あるワインを見過ごすわけにはいきません。

人間と自然の協働作業としてのワイン

こうして、最初に「土地柄性」と定義したテロワールには、さらに深い層があることがみえてきます。人間が自然に働きかけ、自然がそれに応じて成果をもたらすという、人間と自然の協働作業として造られ維持されていく、作品としてのテロワールです。自然条件だけで、ぶどうが実り、ワインができることはありえないように、ワイン造りは人間が自然に働きかけてできるものです。良質なぶどう栽培が必要であり、そのためには人間の作用が不可欠です。

ディオンが『フランスワイン文化史全書』で、ワインの起源を、醸造ではなく、ぶどうを美味しくする剪定という作業に求めているのはそのためです。あくまで農産物としてのワインという見方ですが、その自然の産物も人間の作用があってはじめて農産物になるのです。

こうしたテロワールのより深い見方は、かつて日本の哲学者、和辻哲郎が定義した意味での「風土」としてのテロワールといえるでしょう。和辻の「風土」はしばしばこの言葉の一般的意味に引きずられて土地の自然条件と理解されていますが、フランスの地理学者で日本研究家のオギュスタン・ベルクが和辻の風土概念を精密化しながら明晰に解説しているように（『風土の日本』ちくま学芸文庫）、和辻がその著書『風土』（岩波文庫）でとらえようとしたのは、あくまで人間と自然の相互関係として作られていく、人間の生きる環境としての「風土」でした。その意味で、ワインはまさに風土の産物なのです。

二〇〇〇年代以降、日本で使われるようになったテロワールとは、実は人間と土地とのやりとりからたえず作りだされるものであり、大局的に歴史を概観すると、フランスのテロワールも歴史的に人間が土地に働きかけて構築されたものだということが明らかになりました。

ワイン造りにおいて、こうしたテロワールにおける人間の作用の側面はあまり語られることがありません。ワインはあくまで土地柄性の産物として語られがちです。そうすると、結果として、美味しいワイン造りの権利がすでに努力をした地域に占有されるという事態を招きかねません。あるいは、日本のように不利な自然条件の新興産地にコンプレックスを植えつけているともいえます。

このような狭い意味でのテロワール神話から脱却すれば、日本でもいいワインが造れると確信することができます。日本人が自分の土地から造られる美味しいワインを味わうのは何も驚くべきことではないのです。

しかし、人間の努力がいいワインを生むということは、人間の意志がそれを阻むことがありえることも意味します。別の視点からいえば、自然条件の厳しい土地で美味しいワインができるとすれば、自然条件に恵まれた土地でのワイン造りが放棄されるという事態がありえることを示唆しています。

事実、そういう事例があるのです。次章では、そうした事例から私たちにとって何がみえてくるか、考えてみましょう。

第二章

したたかなフランスワイン

川があるところにいいワインあり

ヨーロッパのワイン産地の地図をみてみましょう。

たとえば、ドイツ。ライン川沿いのラインガウ、モーゼル川流域のモーゼル・ザール・ルーヴァー、マイン川沿いに広がるフランケンなど、有名なワイン産地は大きな河川に面していることがわかります。

イベリア半島も同じです。ポルトガルの有名なワイン産地は南からテージョ川、ダン川、ドウロ川沿いに広がっています。お隣のスペインでは、ポルトガルでドウロ、テージョと呼ばれるドゥエロ川、タホ川流域や地中海に流れ込むエブロ川沿いにワイン産地が形成されています。

フランスも例外ではありません。フランスの横軸と縦軸ともいうべき二つの大河、東西に流れるロワール川と南北に流れるローヌ川に沿って広大なワイン産地が展開しています。さらに、ボルドーとその周辺のワイン産地は、合流してジロンド川となるドルドーニュ川とガロンヌ川沿いに広がっています。また、北のほうでは、ライン川の支流イル川沿いにアルザスのワイン産地が、マルヌ川沿いにシャンパーニュのワイン産地が形成されています。

川こそ、銘醸ワイン産地形成の要件だったことがわかります。

こうした川の役割について、十九世紀の学者たちは、川がワイン用ぶどう栽培になんらかの好影響を与えていると考えて、さまざまな科学的な理由をあげています。もっとも典型的な二

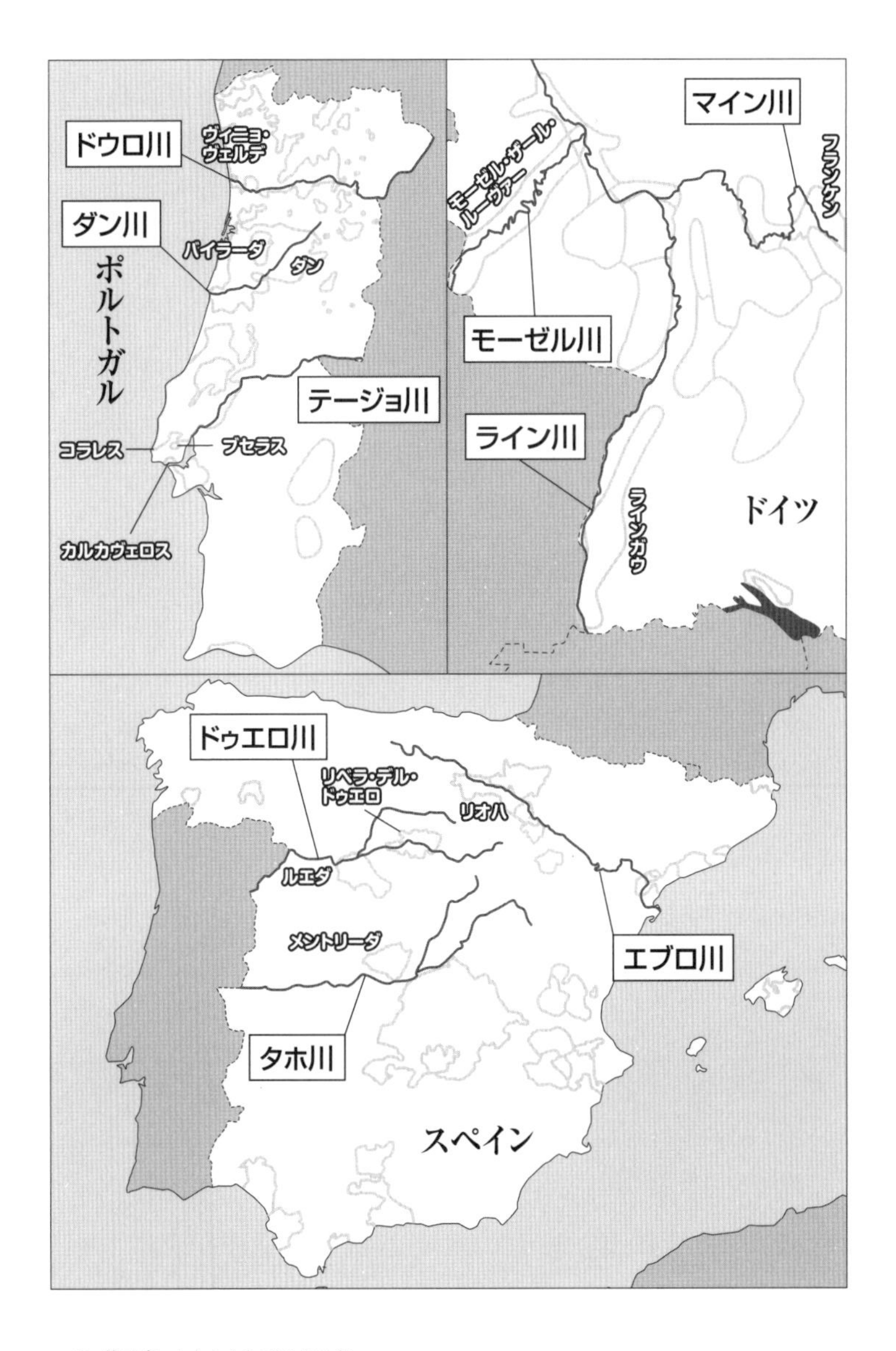
ドウロ川
ヴィニョ・ヴェルデ
ダン川
バイラーダ
ダン
ポルトガル
テージョ川
コラレス
ブセラス
カルカヴェロス
マイン川
フランケン
モーゼル・ザール・ルーヴァー
モーゼル川
ライン川
ラインガウ
ドイツ
ドゥエロ川
リベラ・デル・ドゥエロ
リオハ
ルエダ
メントリーダ
エブロ川
タホ川
スペイン

つの意見を紹介しましょう。

ひとつは、「川の反射で光がぶどう畑に降り注ぐ」という説。この意見は現代でも北の日照が少ないワイン産地で地元の人が口にする主張です。

二つめは、「川の水が蒸発して、その冷気がぶどうに気品を与える」という説。いまでも同じような説が、暑いワイン産地でしばしば語られています。

冷静に考えてみると、十九世紀の学者たちのいうように、この二つが川の物理的影響だとすれば、一方の温める効果は他方の冷却効果で相殺されてしまいます。いったいどちらが正しいのでしょうか。

歴史地理学者のロジェ・ディオンは、これらの学者たちの議論が重要な点を見落としていると述べています。もともと中世以降近代までのワイン関連の文献を調べてみると、当初は明確にワイン用ぶどう畑は「航行可能な河川」に沿って広がっていると記述されていたものが、写本を重ねるうちにいつしか「航行可能な」という形容詞が欠落して、単に「川」に沿って広がっている、となってしまったのです。

こうした見落としの背景には、十九世紀に発達した近代自然科学の自然条件優位の考え方があります。自然の法則を解明しつつあった十九世紀の学者たち、とくに自然科学の学者たちは、川の周りに優良なワイン用ぶどう畑が広がっている以上、きっと川に自然な物理的効能があるにちがいないと考えてしまったのです。

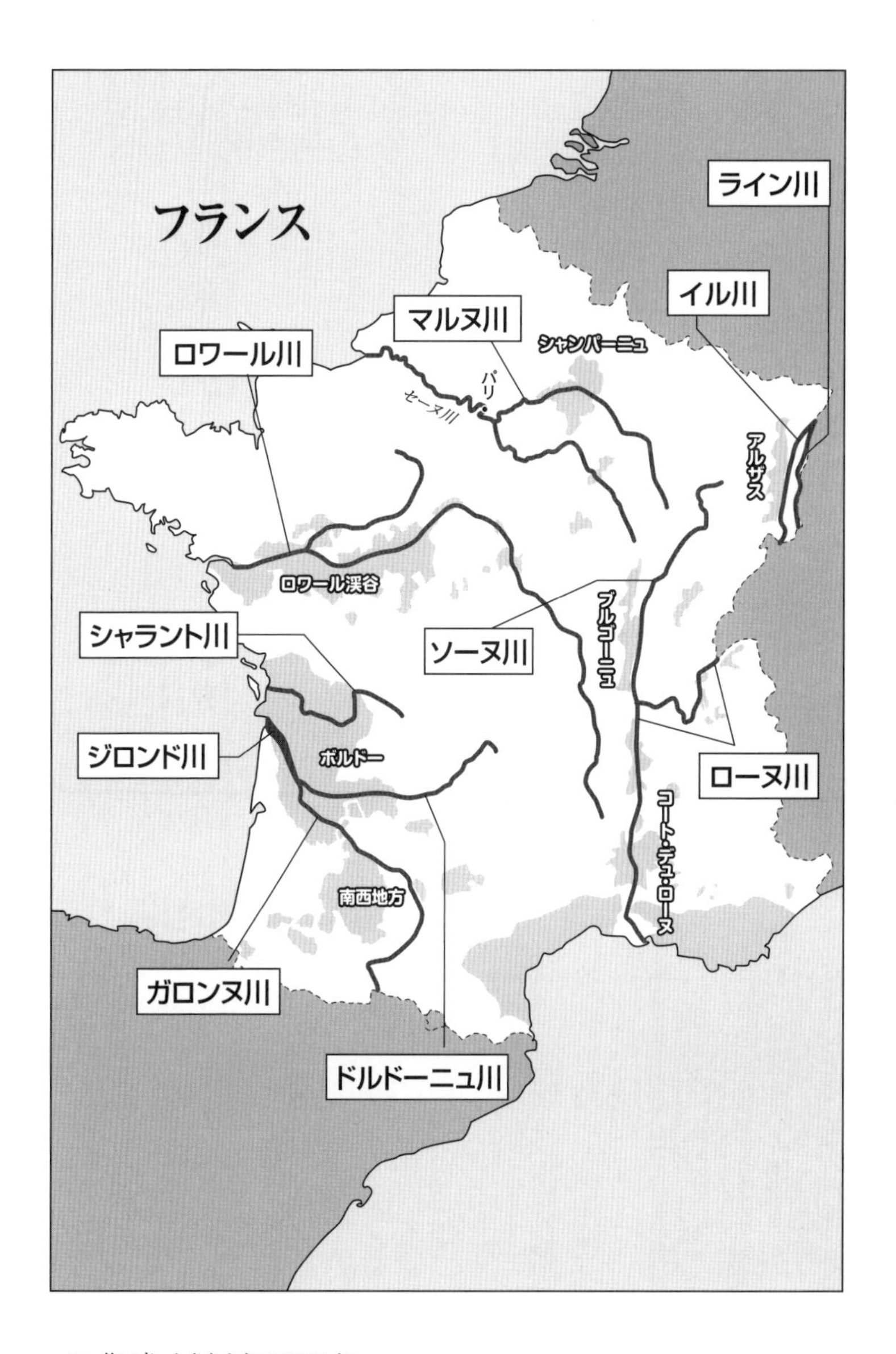
フランス
ライン川
イル川
マルヌ川
シャンパーニュ
ロワール川
パリ
セーヌ川
アルザス
ロワール渓谷
ブルゴーニュ
シャラント川
ソーヌ川
ジロンド川
ボルドー
ローヌ川
コート・デュ・ローヌ
南西地方
ガロンヌ川
ドルドーニュ川

二〇〇三年に養老孟司の『バカの壁』（新潮新書）という本がベストセラーになりました。多くの知識がかえって壁を作ってしまい、物事の真実をみえにくくさせると指摘し、話題になりました。情報の過多と過度の専門化が正しい判断を狂わせるのです。このような内容の著作を東大医学部の教授だった自然科学系の学者が書いたため、世間は「なるほど」と納得したのです。

十九世紀にそれこそ破竹の勢いで成果をあげつつあった自然科学に携わる学者たちが、ワイン生産と川の関係を説明するにあたって、自ら進んでバカの壁を築いたとしても仕方がありません。それほど、当時の社会では自然科学が万能でした。

そもそも、写本における「航行可能な」という形容詞の書き落としも、川の効能を実体化してしまう思考によって促進されたと考えられます。

いずれにしろ、川の周りに優良なワイン用ぶどう畑が広がっているのは、川の自然条件がもたらす効能のためではなく、社会的役割、つまり流通手段として現代では考えられないほど、川が重要な役割をはたしていたからでした。

ディオンは、学者たちが議論した川の効用について、シャンパーニュ地方の川に面したぶどう畑（エペルネを中心とする通称「川のワイン」）と丘陵のぶどう畑（ランスを中心とする通称「山のワイン」）の双方から、ともに良質のワインを生む事例を細かく検討して、「結局のところ、ぶどうの植えられた斜面の下方に水の層があることによって、得られるワインの質が悪くなるかどうかははっきりしない」と結論づけています。

川はもっとも重要な流通手段だった

近代になり鉄道が発達するまで、川はワインだけでなく、あらゆる物資の輸送手段としてもっとも重要でした。ヨーロッパの首都のほとんどが大きな河川に面しているという事実が、このことを証明しています。内陸に位置するドナウ川に面したオーストリアの首都ウィーンやエルベ川に面したドイツの首都ベルリンだけでなく、セーヌ川のパリ、テムズ川のロンドン、テヴェレ川のローマなど、比較的海に近い首都もすべて河川に面しています。外敵の侵入から町を守りやすく、流通をコントロールできるからです。

フランスの県名には、ジロンド県、マルヌ県、ドルドーニュ県など、川をそのまま県名にした事例が多くみられます。日本に川の名前を使った県名がないのとは好対照です。これも川の社会的重要性を反映した事例です。

ワインは液体であるためほかの物資に比べて重く、陸路で運ぶには手間とコストがかかります。川を使えば大量かつ安価に大消費地である都市に輸送できるのです。

こうした川の役割は、ワイン生産において流通がなによりも重要であったことを物語っています。流通とは消費であり、消費地への輸送こそワイン用ぶどう栽培地形成の要点だったのです。経済的にいえば、需要が供給を規定するということです。これを文化的な視点からみれば、消費に結びつくワインを受け入れる可能性としての受容がなければ、ワインを作っても意味がないということになります。

ディオンは十六世紀の著名な農学者オリヴィエ・ド・セールの「ワインが売ることができる場所にいないとすれば、あなたは偉大なるぶどう畑をどうしようというのか」という一文を引用して、需要＝受容の重要性が中世の人々には自明だったと述べています。土壌や日当たりの問題は二義的な要素です。巨視的な条件のなかでの微視的な条件といえば、より正確かもしれません。

ディオンは、日当たりや土壌という点でワイン用ぶどう栽培に適した土地なら、現在のワイン産地以外に無数にある、それらの土地がワイン産地とならなかったのは、消費と結びつく条件を欠いていたからだ、といった主旨のことを述べています。

流通手段としての河川の重要性は、十九世紀の中葉以降、鉄道の発達でみえなくなります。二十世紀になると道路網が整備され、トラック輸送が行われるようになって、さらに忘れられてしまいます。いや、それどころか輸送手段が比較的簡単に整備できるようになった現代では、アメリカのように、人工衛星でワイン生産の適地を選びだし、ぶどう畑を大々的に開発して、道路を整備するということさえ行われています。

こうして、現代では流通手段として川がはたした役割を思い描くことさえ、よほど努力しないとできないようになってしまったのです。

世界中で文化的に洗練された飲み物としてワインの受容が広がり、いいワインを造ればそれなりに売れるということがわかっています。さらに、安価とくればなおさらです。こうしてワイン造りにおいて、消費を確保する流通の問題は二義的な要素となり、いいワインの生産という面が前景化します。中世から近代までは消費を確保する流通が重要だったのとは、逆の思考が当たり前になったのです。

川がないワイン産地

航行可能な河川のない偉大なワイン産地が、フランスにあります。それは、ブルゴーニュです。ただ、地図をよくみると、名だたるワイン村がひしめくコート・ドールの丘の東にソーヌ川が流れています。縮尺の小さな地図でみると非常に近いようにみえるかもしれませんが、実際には川までは直線距離で二十キロ以上あります。ブルゴーニュのぶどう畑は、航行可能な河川に面していないのです。

では、そのブルゴーニュで、なぜ美味しいワインができるのでしょうか。それは川がないという不利な点を見事な逆転の発想で克服した、古代の人々のマーケティング戦略にありました。

現在のワイン産地としてのブルゴーニュ地方の主要部は、コート・ドールと、その南に広がるコート・シャロネーズ（シャロンの丘）、マコネ（マコン地区）から構成されています。注目すべきは、同じブルゴーニュといってもコート・ドールのワインとシャロネーズやマコネのワインとの価格差です。現在の日本の市販価格で、マコネやシャロネーズは千五百円～三千円ですが、コート・ドールの銘醸ワインはＡＯＣ（原産地呼称統制）によって差がありますが、一級クラスで六千円前後です。グラン・クリュとなれば何万円もします。

この格差は、どうして生まれたのでしょうか。普通はテロワールの差だと説明されます。しかし、土地柄性としてのテロワールは、両者とも大局的にみれば同じ石灰質土壌なのです。

ここから多くの人は、各畑の土壌のより細かい違い、とくに層をなして重なる土壌の違いや、区域ごとに異なる細かい気候の違い、微気候の違いに注目し、そこから赤はピノ・ノワール、白はシャルドネという単一品種からクリマと呼ばれる畑ごとに性格の異なる個性のあるワインが生まれるという説明に納得し、多くのブルゴーニュ愛好家はこうした説を自ら語って、ブルゴーニュの多様な魅力を宣伝してしまうのです。

たしかに、人に負けないブルゴーニュ好きで、何度もこの地を訪れたことのある私も、そうした自然条件の微細な違いが、ワインの味わいに影響するだろうことは認めます。また、ピノ・ノワールとシャルドネという赤白それぞれ一種類の品種から微妙に、しかし決定的に異なるワインが生まれることにブルゴーニュワインの尽きせぬ魅力を感じます。

ただ、そんなブルゴーニュで、同じ畑でも生産者が異なると、ワインが大きく異なるという事実も否めません。さらに、同じ生産者でも代替わりするとワインの味わいが変わることも愛好家の間ではよく知られています。これが、数十ヘクタールのぶどう畑を所有するシャトー単位で覚えておけば、ある程度、味の個性がつかめるボルドーとの違いです。ブルゴーニュでいいワインに出合うためには、生産者の情報をかなり詳細につかんでおくことが必要になります。そして、そのような変化自体がブルゴーニュの魅力であることに反論するつもりはありません。

しかし、このように同じ畑でも、同じ生産者でも人が変わればワインの味わいが変わるという微細な事実のなかには、大きな真理への秘密が隠されています。つまり、同じ土地柄でも人の作用によって異なるワインができるということです。これをより巨視的に適用すれば、大きくみれば土壌が共通しているコート・ドールとその南のシャロネーズやマコネで、人の働きかけによって品質の異なる味のワインが生まれると考えてもおかしくありません。

川がないブルゴーニュの戦略とは?

コート・ドールとその南のワイン産地が基本的に同じ石灰質土壌であるという事実を確認したうえで、ディオンは、これらの地方のワインの品質が異なる本当の理由は、歴史地理学者らしく、ぶどう畑が作られた古代末期の地政学的状況を考察しないとみえてこないと述べています。

古代末期はローマ帝国が崩壊し、各地にキヴィタスと呼ばれる部族国家が成立して群雄割拠した混乱の時代でした。現在のブルゴーニュ地方には、北にオタンを首都とするアエドゥイ族、南にはシャロンを首都とするリンゴネス族がいて、それぞれキヴィタスを構成していました。

当初、両地域はぶどう栽培には寒冷なため、ワイン造りは行われていませんでした。そのため、アエドゥイ族の首都は、穀物栽培に適した肥沃で比較的平坦な地域にあるオタンに建設されました。

ところが、一世紀中葉になって寒さに強い品種が開発され、これらの地域でもワイン用ぶどう栽培が可能になりました。やがて三世紀頃までには、リンゴネス族のキヴィタスはソーヌ川沿いにぶどう畑を拓きます。アエドゥイ族のキヴィタスでも、オタンの市民たちがぶどう栽培に適した斜面を探し、馬を使って一日で行けるおよそ七十キロ東のコート・ドールの丘陵地帯にぶどう畑を拓きます。市民たちが奴隷を使ってぶどう栽培を行ったこの時代、馬と徒歩以外に交通手段はなく、この距離が精いっぱいだったのです。

ここでワインの品質を決める決定的要素が関与したとディオンは述べます。川の有無です。シャロンの現在の名称シャロン・シュル・ソーヌ（ソーヌ川上のシャロン）からもわかるように、リンゴネスの首都はソーヌ川に面していました。一方、アエドゥイの拓いたコート・ドールには川がなかったのです。

造ったワインをソーヌ川を使って簡単に運べるリンゴネスと違い、アエドゥイは北のセーヌ川やミューズ川、西のロワール川までどうしても陸路を使わざるをえませんでした。重いワインを陸路で運ぶには費用がかかります。同じようなワインを造っていたのでは、輸送コストの低いシャロンのワインには太刀打ちできません。

話をわかりやすくするため、アエドゥイとリンゴネスが同じ一本二千円のワインを造ったとしましょう。河川だけで運ぶリンゴネスの輸送コストを四百円、陸路を使うアエドゥイのコストをその五倍の二千円と仮定しましょう。すると、リンゴネスのワインは一本二千四百円、陸路を使うアエドゥイのワインは一本四千円となります。これでは勝負になりません。

しかし、品質をうんと上げて、一本一万円のワインを造れば、どうでしょうか。同じ二千円の輸送コストは全体の価格のなかで相対的に低下して、これならこうした高級品を好む富裕層が購入する高級ワインとなりえます。

まさに、アエドゥイはこうした高級品質戦略を取ったのだとディオンは洞察しました。それが可能だった背景には、当時、古代部族国家のなかでアエドゥイがもっとも裕福なキヴィタスのひとつであったという事実がありました。オタンの裕福な市民たちは自分たちの財力を大々的にぶどう栽培に投資し、土地を改良し細心の注意で栽培を行ったのです。一方、普通に造っても河川を使って簡単に売りさばけるリンゴネスのぶどう栽培への投資は、それほど大きいものではありませんでした。

くわえて、より北に位置するアエドゥイは、ワインができない北の地方の富裕層への販路を活用する地理的条件に恵まれていました。多少高くてもいいものを求める富裕層、さらに品質がよければ高くてもいいという北の富裕層を顧客として、アエドゥイの市民たちは一層品質を向上させていったのです。こうしてプラスの循環が生まれます。

ブルゴーニュが北の国々の人々に愛好された歴史的事実は、いまでもベルギー人のブルゴーニュ好きとして残っています。流通は味覚も作るのです。

この巨大な初期投資の差が、いまの価格差の要因であるというのがディオンの結論です。かつてのアエドゥイはいまはコート・ドール県となり、リンゴネスはソーヌ・エ・ロワール県となっています。一方がワイン産地を県名とし、他方が県を流れる二つの大河を県名としている事実にも、歴史を垣間見ることができます。

こうしたブルゴーニュの事例から、多大な投資とたえざる畑での労働がワインの品質を上げることがよくわかります。川がないという不利な条件が、結果としてワインの品質を上げたのです。より正確にいえば、上げるように人間をいざなったといえるでしょう。いや、そう人間が意識して意志的に取り組んだといったほうがいいのかもしれません。いずれにしろ、その努力が伝統的な心性となっていまでも継続し、現在の価格差につながっていることは否めません。

最後にこの歴史的状況を知ると、ワインを受容する消費者のメリットもみえてきます。シャロネーズもマコネもコート・ドールと同じ土壌にめぐまれているにもかかわらず、現在のワインの品質の差がその後の長年の努力が異なった結果だと知れば、シャロネーズやマコネでも努力をすればいいワインができるということです。

しかし、長年の評価の影響で、たとえいいワインを造っても、少なくとも当初は価格がさほど高くなりません。逆にいうと、消費者にはコストパフォーマンスのいいワインに出合える可能性が高くなります。事実、ここ二十年シャロネーズやマコネのワインで、品質が向上したワインは少なくありません。しかも、価格は他のシャロネーズやマコネのワインよりは割高ですが、コート・ドールのワインに比べれば手頃な価格です。これもまた歴史的な知識が賢い消費をうながし、美味しいワインの受容を広げるという一例です。

経済がワインの質に影響する

マーケティングとは経済の問題ともいえます。ここではより純粋な経済の影響事例を取りあげてみましょう。検討するのはロワール川の下流と中流域のワインの違いです。

ロワール川下流の中心地ナント周辺のナント地方には、安価なガブ飲み系白ワインの代表ミュスカデの広大な畑が広がっています。一方、アンジェを中心都市とする中流域のアンジュ地方には、品質のいいワイン、たとえば白のＡＯＣサヴニエールがあり、その最良の畑からはフランスの最高級辛口白ワインのひとつクレ・ド・セランができます。

クレ・ド・セランのぶどう畑は、サヴニエール村のなかでもっとも高い丘の斜面にあり、一見して最良の土地柄をそなえているとわかります。実際、クレ・ド・セランは事実上のグラン・クリュ（特級）として畑の名称「クレ・ド・セラン」が正式ＡＯＣ名であり、ラベルにも村名のサヴニエールではなく、クレ・ド・セランと明記されています。

このように東西で対照的なワインの品質も、フランス人の説明ではテロワールが違うからということになります。もちろん、みなさんはすでに話がそう単純ではないとおわかりでしょう。この違いを理解するにも、やはり歴史地理学的な検討が有効です。

十六世紀前半までロワール下流と中流域は別の国家に属していました。アングランド以西がブルターニュ公国、東がフランス王国だったのです。

重要な点は、アングランドでフランス側は輸出入品に税金を課していたことです。もっとも有名な例は、ガベルという塩税です。フランス側の塩税は高く、庶民を苦しめていました。フランス側は輸入品だけでなく、輸出品にも税金を課していました。一方、ブルターニュ側はすべて無税でした。こうした税金の有無がワインの品質に大きな影響を与えました。

ナントを中心とした下流域ではワインも無税で流通していたのですが、中流域のアンジュ地方から川の流れに沿って下流域に輸出されるワインには税金が課されたうえで、ナントのワインとの競合にさらされていたのです。

ここでかつてブルゴーニュ地方の人々が採った戦略を、フランス側のアンジュ地方のワイン生産者が踏襲します。アンジュ地方のワイン生産者たちは、税金の上乗せがあっても無税の分だけ安価なナント地方産のワインに対抗できるように投資と努力を重ね、ワインの品質を向上させました。一方、ソーヌ川によって造ったワインを簡単にさばけるシャロンのワイン生産者がそこそこの努力で満足したように、ロワール川下流域のワイン生産者は安価で気やすく飲めるワインを造るようになっていきました。それぞれがそれぞれの状況に見合ったワイン造りを行ったのです。かくして、アングランドの東西で対照的な品質のワインが生まれ、それが土地の伝統となっていきました。

結果として税金の有無がロワールのワイン産地の性格を規定したのです。しかも、このように形成されたワイン造りは、長くメンタリティをも規定することにもなりました。ここでは安いワイン造りが適していて、あちらでは高品質なワイン造りが可能であるという思い込みです。それを強化したのが、一章で検討したテロワール宿命論です。ナント周辺はテロワールとして高品質のワイン造りに適しておらず、アンジュ地方は高品質なワインを生むテロワールだというものです。しかし、歴史的にみれば、事情はむしろ逆で、高い税金がアンジュ地方でのいいワイン造りをうながし、無税の恩恵がナント地方でのワイン造りを安価で凡庸な品質なものにとどめたのです。ワインの品質を左右したのは、税金という人為でした。

現代では、シャロネーズやマコネと同じように、ナントでも多くの生産者が品質向上への努力をはらっています。フランスでは一九六〇年代から、ワインの消費は一貫して減少傾向にあります。しかし、産地が限定され一定の品質が保証されたＡＯＣワインの消費比率は増加しています。こうした消費者の変化に合わせて、下流域のナント地方でも、品質改良の努力が広がっています。

ナント地方には、ミュスカデ特有のフレッシュさを残しながらワインに厚みを与える手法としてミュスカデ・シュール・リーというＡＯＣの名称の一部ともなっているシュール・リーの技法があります。醱酵終了後、おもに酵母の死骸からなる澱（おり）を澱引きせずタンク内に静置し、数か月間そのままにし、その上澄みを瓶詰めするものです。ミュスカデといえば、シュール・リーというほど有名な技法です。

これをさらに長期化し、収量を落として糖度の高い、よくできたぶどうを二〜三年澱の上に寝かせてから瓶詰めするという工夫もされています。三年間シュール・リーを行ったミュスカデのワインを何度か飲みましたが、ミュスカデ特有の酸味を残しながら厚みと複雑さのある見事なワインです。ただ、現地で出会った生産者は、規定以上にシュール・リーを実行したため、かえって「シュール・リー」というAOC名にならないと説明してくれました。

もともと一九三五年に最終的に現在の形になったAOC法自体が、狭い意味でのテロワール中心主義を主導理念として策定されており、ミュスカデは手軽で軽やかな白というイメージから出発しています。ミュスカデ栽培地域に厚みと複雑さをそなえた高品質のワイン造りが可能だとは想定していないのです。だから、長期のシュール・リーはシュール・リーという理念の対象とはならないのです。

ここでも現在の消費者のメリットは小さくありません。上記の長期シュール・リー手法によるワインも十三ユーロ程度で、他の安いミュスカデが五、六ユーロであるのに比べれば倍の値段ですが、他の同じ品質のワインの値段を考えれば、非常にリーズナブルな価格だからです。

政治もワイン造りを左右する

税金を決めるのは政治です。政治はまさに人為の極致といえるものです。政治的な決定は社会に大きな影響を与えます。

飲食の領域でいえば、アメリカが一九二〇年から施行し一九三三年まで続いた禁酒法は、政治が飲食に直接介入した事例です。ただし、皮肉なことに、禁酒法の時代はアメリカ人がもっともアルコールを消費した時代でもありました。人間の根源的欲望であるアルコールによる酔いを禁止されたアメリカ人が、それまで以上にアルコールを渇望し、ギャングたちによる密造酒造りが横行したからです。

こうして、一見外からみるとアルコールとわからない、多様なカクテルが生まれることになりました。色鮮やかでジュースと見紛うカクテル類は人間の飽くなき酔いへの欲求が、政治に抗して生んだ産物なのです。

このように政治の影響はきわめて甚大です。事実、歴史を探ると、ワインの品質どころか、ワイン造り自体を左右しかねないことがわかります。

たとえば、シャンパーニュのワイン造りがわかりやすい事例です。中世後期から十六世紀にかけて、シャンパーニュはまだ独立したワイン産地として認知されておらず、シャンパーニュという呼称ではなく、パリを中心としたイル・ド・フランスのワインのひとつとみなされていました。当時、パリ市内やパリの周囲にはワイン用ぶどう畑が広がっており、その多くはパリの貴族や市民（ブルジョワ）が経営していました。すでに述べたように、ワイン造りは社会的に高い身分にある者にとって栄誉ある行為でした。

中世には大消費地である都市の周囲に、貴族や市民がオーナーのぶどう園がたくさんありました。戦争の際に、ぶどうの収穫時期だけは停戦をして、収穫を行ってワインを仕込んでから戦争を再開した、という事例も古文書に記録されているほどです。『フランスワイン文化史全書』の箱の装丁に使用されたワインの収穫風景を描いた十五世紀末のフランドルのタピスリーには、領主とその后と思われる男女が収穫と仕込みをじきじきに監督している様子が描かれています。こうしたワインへの心性はパリの市民たちにも共有されていました。

しかし、十六世紀から農民や自立した小作農たちによる庶民的なワイン造りが拡大し、市民たちの手間隙をかけた高貴なワイン造りを圧迫するようになりました。当時、ワインは農産物として商品価値が高く、手間隙をかけずに行えば、都市近郊の小作農が自立する手段として最適でした。パリ市民が市内や周辺で造ったワインは無税だったにもかかわらず、都市の庶民は安価な庶民派ワインを好みました。当然、市民の造ったワインは品質がよくても、割高なため売れなくなります。十六世紀、大都市パリは早くもワインの大衆消費時代を迎えていたのです。

ただし、ワイン造りに誇りを見いだしていた市民たちも黙ってはいません。こうした傾向に対抗すべく、権力をもつ上層市民たちはいろいろな方策を打ち出します。十四世紀中葉にはすでに「ワイン審査官制度」を整えました。平凡なワインの増加を抑え、混ぜものワインや量のごまかしを取り締まるというのが名目でしたが、実際には市民たちの造る上質なワインの保護を目的としていました。一五六七年にはブロワで開かれた三部会でワイン販売審査官がパリの市民を代表して市民のワインを擁護する論陣を張っています。

しかし、事態は改善しませんでした。論陣を張り、市民の上質なワインを買いなさいといっても効果がありません。そこで、十六世紀のパリ上層市民も社会的な環境整備に乗り出します。ただし、そこにあったのは共存の論理ではなく、排除の論理でした。

ブロワの三部会から十年後の一五七六年、事実上のパリ市の政府であるパリ高等法院は「平凡なワインの首都への搬入を厳しく制限する裁決」を実施します。ワイン小売り業者が、パリを中心にその周囲二十リュー［里］（約八十八キロ）以内で買いつけたものをパリで販売することを全面的に禁止したのです。この範囲は完全に同心円ではなく、やや凸凹しているのですが、それは周辺のワイン産地を覆う形で範囲が設定されているからです。

この禁止令は、一七七六年に王国全域でのワインの自由な流通を認める財務総監テュルゴーによる王令発布まで続きました。つまり約二百年続いたのです。

その影響は絶大でした。この結果、パリ近郊のイル・ド・フランス地方の庶民的なぶどう栽培とワイン造りは著しく減少し、多くの場所でぶどう栽培は野菜栽培や穀物栽培のほか、羊を飼育する牧草地に転換されていきました。

さらにもうひとつの看過できない事態は、二十里のすぐ外側で流通に適した地域が平凡なワインの一大産地になったことです。人々は禁令に従いながら、安いワインをなるべく安い輸送コストで大消費地パリの市民に届けたのです。こうして、パリの城壁の外にはガンゲットといわれる大衆酒場が展開します。ここで入市税のかからないワインが売られるようになりました。酒を飲みたいという庶民の思いは、どこでも商売のタネとなるのです。

シャンパーニュ地方でも、パリから遠い土地（現在の主流なシャンパーニュ産地、ランス丘陵とコート・デ・ブラン、大手シャンパーニュメーカーの畑もこの二つの地区に展開しています）は品質を維持しましたが、パリに比較的近くマルヌ川に面した地区、現在のシャトー・ティエリーを中心とする地域はパリの庶民用のワイン産地となり品質を落としたからです。現在でもこの地域に有名な大手メーカーがないのはそのためです。

もちろん、この地域はその後ＡＯＣでシャンパーニュに指定され、現在では優良なワインが造られています。ただし、過去の経緯から有名メーカーがないため、知名度はいまいちです。しかしそれは消費者からみれば、安くて品質のいいシャンパーニュがあるということです。

ボルドー特権

パリの二十里規定は、パリ近郊のワイン造りだけでなく、シャンパーニュのワイン生産にも影響を与えました。しかし、さらに広範な地域のワイン造りに大きな影響を与えた政治的方策があります。ワインの世界ではあまり語られることのない「ボルドー特権」です。これから説明する内容を知れば、なぜこれがとりわけワイン業界で語られないか、納得できるはずです。

ボルドー特権を正しく理解するためには、中世のヨーロッパの状況、とくにフランスとイギリスの状況を把握しておく必要があります。

中世の長い間、ボルドーは相続の関係でイギリス領でした。中世の国家は近代国家ではなく、領主が支配する封建国家でした。アキテーヌ地方（現在のボルドー地方）の領主の娘アリエノール・ダキテーヌはフランス王ルイ七世（在位一一三七〜八〇年）と離婚したのち、プランタジュネ（英語ではプランタジネット）家のアンジュ伯アンリと再婚しました。これだけなら単に王族の愛憎劇で終わったのですが、一一五四年にアンジュ伯アンリが血縁の関係でイギリス王ヘンリー二世となったことから婚姻問題は政治問題となりました。当時の領主支配の慣例で、王妃となったアリエノールの領地ボルドー地方がイギリス領となったからです。

イギリスのボルドー支配は三世紀の間続きました。いまでもイギリスにボルドーワイン愛好家が多いのは、このためです。ボルドーは中世にはイギリスのワインだったのですから。

さらに、一三三九年になると、英仏の間で王位継承をめぐり戦争が勃発します。百年戦争です。もともとフランスのアンジュ伯が血縁の関係でイギリス王となったので、起こりえる事態でした。それにしても一人の王族女性の婚姻がヨーロッパの二つの大国を長期の戦争に導いたのですから、罪作りな話です。

百年戦争は一四五三年まで続き、その間、歴代のイギリス王はボルドーを味方につけておくために、すでに十三世紀からボルドー市が事実上行使してきた通行上の優遇措置を強化し、ボルドーに免税を含む大きな特権を与えます。ボルドーはその特権を上手に活用し、ワイン産地としての地歩を確立していきます。

具体的には、上流地域のワインの積出制限を行ったのです。ボルドーはドルドーニュ川とガロンヌ川のほぼ合流点に位置しています。上流に広がるいくつものワイン産地はこれらの河川を利用してワインのできない北の国々に自分たちのワインを輸出していました。つまり、ボルドーを通行せざるをえないのです。ドルドーニュ川はボルドー市の北でジロンド川に合流しますが、そこもボルドーの司法組織の管轄区域でした。

樽詰めされた上流のワインはいったんボルドーに荷揚げされ、免税のボルドーワインが売りさばかれたあとで、ようやく販売可能になりました。しかも、販売開始日はボルドー市が決定しました。英仏の戦争が激しい時期には、クリスマス後に設定されたこともありました。保存技術の未熟だった当時、ワインといえば新酒が普通だったので、ワイン消費が盛んになるクリスマスの後に販売するという設定は、上流ワイン産地にとって過酷な条件でした。

しかし、ボルドーは多くのワイン産地を完全には潰そうとしませんでした。理由は二つあります。ひとつは、穀物を内陸に頼っていたからです。ボルドー高等法院の裁決にはワイン一樽につき、穀物一樽を荷揚げすべしというものもあります。二つめは、内地の濃いワインをブレンド用に活用していたからです。こうしたブレンドはAOC法の確立以前はどの地方でも行われていました。二十世紀になってもアルジェリアの濃いワインをブレンドしたブルゴーニュやローヌのワインはそうめずらしいものではなかったのです。

もちろん、こうした手段に併せて、すでに一章で述べたように、排水設備を整え、ぶどう栽培に細心の注意をはらうという品質向上の努力がボルドーで行われたことは事実です。しかし、ボルドーワインの世界的名声に、このボルドー特権が関与していることもまた事実です。この特権は一四五三年に百年戦争が終結し、ボルドーがフランスに統合され、いったん廃止されますが、ボルドーの衰退を恐れたフランス王はすぐに、この特権を一部復活させています。

この特権が最終的に廃止されたのは、二十里規定の廃止を導いた、一七七六年の自由通商を認める財務総監テュルゴーの主導で発布された王令によってでした。近代的な通商国家となるまで、なんと約五百年も続いたのです。各地に同じような「特権」が存在しましたが、ボルドーの特権は適用範囲の広さと期間の長さで、ほかに類例をみないものでした。

政治が塗り替えたワイン地図

ボルドー特権五百年のワイン産地の地理的分布への影響は甚大でした。あまりに大きな影響ゆえに、かえってこれは自然な過程だと思い込ませる力さえもっていました。

ボルドーの周辺地域の南西地方のワインは、ボルドー品種を一部使ってボルドーに近いワインを作りながら、その品質はボルドーと比べていまひとつだと評されます。たとえば、日本でも最近みかけるようになったベルジュラック、コート・ド・デュラス、コート・デュ・マルマンデ、ビュゼなどのAOCに指定された地域のワインです。

もちろん、ワイン関係者は土壌の違いと説明します。しかし、ボルドーは湿地でワインの品質を上げるのに苦労したのは、一章で検討した通りです。ボルドーの苦労はボルドーが不作に見舞われたときに、内陸のより濃いワインをブレンドしたという事実に示されています。

広い範囲をカバーする南西地方のなかでも、ボルドーに隣接した地域では土壌も類似しています。それだけでなく、日照と平均気温では、多くの場合、内陸地帯のほうがボルドーを上回っています。現在ワイン造りはほとんど行われておらず、アジャンといえばプルーンというほどプラム産地として名高いアジャンでさえ、ディオンは、平均気温でボルドーを四度も上回っていると書いています。

逆にいえば、ボルドーにいじめられても自然条件がいいからAOCワイン産地として現在まで残ったともいえるでしょう。その代表が、南西地方では比較的知名度のあるカオールとガイヤックです。

その一方で、五百年も続いたボルドー特権によって、ぶどう栽培を放棄して、他の野菜や果実栽培に転換した農家や地方もありました。たとえば、先ほどのアジャンやトマト栽培で有名なマルマンドです。美味しいプラムやトマトの栽培が可能だということは、ワイン用ぶどう栽培も可能であることを示しています。

事実、かつてはワインを造りながら、それが放棄されたのは政治的な理由でした。厳しい気候でいいワインができるのも人為なら、適切な気候でワインが放棄されるのも人為なのです。

そもそもワイン産地として南西地方というくくり方自体が少し異様ではないでしょうか。ボルドー特権によってより広範に広がっていたぶどう栽培は、アジャンやマルマンド周辺でいったんほぼ消滅したような事態があちこちで起こりました。こうして、政治の猛威に耐えて、規模を縮小しながらあちこちに点在するように生き残ったワイン産地は、品質からも規模からも「南西地方」としてくくらざるをえない状況が生まれたのです。

ここでも、こうした事情は消費者にとって美味しいワインを手頃な価格（千二百〜千五百円）でみつけることを可能にしています。とくに、南西地方は暑い夏が特徴ですから、ワイン産地としての潜在力は他の地方より大きいと思われます。しかも、山々で区切られいくつもの渓谷地にまたがって広がる南西地方には、一章で紹介したマルシヤックのフェールのほかにも、カオールのオーセロワ（地元ではマルベックないしコット）、ガイヤックのデュラス、さらに南に行けばマディランのタナ（地元ではタナット）、ジュランソンのプチ・マンサン（地元ではプチ・マンサング）などの個性的な品種があり、フランスワインの多様性を感じさせます。

これらの産地では、ここ十年来地元の品種にこだわり、それらを大事に育て、その品種を主体に個性のあるワインを造りだしています。なかでも、三十年前にアラン・ブリュモンという偉大なワインの造り手によって世界的な知名度を得たマディランはその好例でしょう。ブリュモンの筆頭銘柄モンテュスの厚みがあるまろやかさは、マディランとともに、タナという品種を国際的に有名にしました。

日本でも、栃木県足利市のココ・ファームがいち早く栽培し、フランスのタナに比べて、果実味のあるいいワインを造っています。その後、長野県の小布施ワイナリー（ドメイヌ ソガ）や山梨県勝沼のシャトー・ルミエールでもタナから上質なワインを造っています。タナがマディランのワインを通していかに認知されているかをよく示しています。

私は南西地方のワインが好きで、日本のワイン通には看過されがちなこの地方をよく訪れます。訪れるたびに発見があり、品質が向上していることを実感します。しかし、私の南西地方好きの裏には、仏英の国家的支援を受けて強大な権力をもって世界にワインビジネスを展開したボルドーにいじめられながら、しぶとく生き続けた南西地方のワインへの偏愛があるのかもしれません。

ブルゴーニュよ、おまえもか！

一章でブルゴーニュの逆転の戦略と多大な努力を語り、さらにこの二章でブルゴーニュと並ぶフランスの偉大なワイン産地ボルドーの悪徳代官なみの悪辣（あくらつ）ぶりを語れば、世のボルドーフアンからだけでなく、ボルドーの人々からも悪罵どころか、矢や鉄砲玉が飛んできかねません。それでも、私の家の冷蔵庫型セラーには、つねにボルドーの偉大なワインが、ボルドー特権のスキャンダルや百年戦争もどこ吹く風と静かに眠っています。

もちろん、ブルゴーニュも好きで、いくつかの一級と数本の特級が眠っています。フランスワインの魅力は多様性の洗練にあると確信している私にとって、偉大なボルドーも手頃なボルドーも必要不可欠なワインです。とくに、果実味がきれいなポムロルや日本的な食事に合うバランスのいいグラーヴはわが家の食卓には欠かせません。

そんな弁明を述べたうえで、この章の最後にブルゴーニュの政治的方策について一言ふれておきましょう。もちろん、これもブルゴーニュワインの歴史として公式に語られるものではありません。ボルドー特権同様、ワイン業界にとってはあまりおおっぴらにしたくない歴史だからです。いや、すでに多くの人がこうした歴史を忘れているかもしれません。

すでに述べたように、パリの二十里規定やボルドー特権に類似した方策は各地にさまざまな形で存在しました。近代的国家になる前のことですから当然です。いや、近代国家になっても、自国産業と自国産品の保護のために、他国からの輸入品に各国がそれぞれ自分に都合のよいように関税をかけ、また自分の都合のよいように関税の撤廃を主張しているのですから、かつてのワイン交易にそうした政治的駆け引きがあったのは当然だとみたほうがいいでしょう。というわけで、古代末期に高品質マーケティング戦略で成功したブルゴーニュが、自分の地域のワインだけを優遇したのは当たり前でした。

中世にブルゴーニュを支配したブルゴーニュ公国は、首都ディジョンでのワイン販売をブルゴーニュワインに限るという法令を何度も出しています。ブルゴーニュの高官や商人たちは、「外部の」ワインの流通を阻止することが、ブルゴーニュの国益だと考えていました。「外部の」ワインとは、この場合、ソーヌ川の河川交通を使って下流地域からブルゴーニュに運ばれてくるワインでした。自然条件がぶどう栽培に向いているため、安価でそれなりの品質だったと想像されます。こうしたワインを流通させれば、その手間隙からより高価なブルゴーニュのワインが打撃を受けることは明らかです。二十里規定を断行したパリの状況に似ています。

注目すべき点は、ブルゴーニュ公国の家系の断絶により一四七七年にフランス王国に併合されたのちも、この政策が維持され続けたことです。

ついでに述べておくなら、フランスが誇るフランスワインの両輪ともいうべき二大産地、ボルドーとブルゴーニュは、ともに近代以前はフランスではありませんでした。一方は長期にわたってイギリス領であり、他方は別の領邦国家でした。近代国家フランスという視点からみれば、フランスはこれらの二大産地を擁していることになりますが、歴史的にみれば、これらの二大産地がフランスに統合されたといえるのです。

そんなブルゴーニュの法令を紹介しましょう。一六一六年のディジョン高等法院の決議のなかの一文です。その公式文書には「南のワインを飲むと頻繁に病気になる」と堂々と書かれているのです。こんな議決文をときの地方政府が出しているのですから、あきれます。

政治がワイン造りやワイン消費をリードしていくという姿勢に関して、ブルゴーニュとて例外ではなかったことがよくわかります。

歴史から勇気をもらう

ワインは、とくに美味しいワインは自然と人間が格闘し協力してできるのです。それは、つねに美味しいワインを飲みたい人間がそこにいるということにほかなりません。美味しいワインを知っている人間がそこにいる、と言い換えてもいいでしょう。これは次章の重要なテーマです。


現代はグローバリゼーションが画一化・均質化をもたらすとみなされています。ところが、巨視的にみると、ワインは古代ギリシャ・ローマ発で最初にグローバル化した商品のひとつでした。ローマ人は自分たちが新たに支配したヨーロッパの各地にワイン文化を伝え、可能な条件がそろうとかならずその土地でワイン造りを始めました。まず自分たちが自分たちで造ったワインを飲み、さらにその品質を高めて国の誇りとなる輸出品にしようとしたのです。初期に多大な投資をし、手間隙をかけてぶどうを栽培し、高品質なワインを造りだした地域では、初期投資は後世にいたるまで十二分に利益を生むことで回収され続けています。

こうして、ワイン用のぶどう栽培は、まずヨーロッパ全土に、ついでヨーロッパ人が世界に進出した十六世紀以後は、地球全体に広がりました。多様な土地で、いいワインを造りたいと思った人々は、土地ごとに異なる障害を克服し、ヨーロッパ起源の品種から多様な味わいのワインを造りだしていきました。

柔らかい厚みが世界で人気のメルローや果実味が印象的なピノ・ノワール、あるいは洗練された複雑味が特徴のシャルドネやさわやかで厚みのあるソーヴィニヨン・ブランが、いまでは世界各地で栽培され、異なる味わいのワインを造りだしています。

言い換えれば、ぶどう栽培とワイン造りは地中海沿岸という適地から出たからこそ、多様な土地で個性あるワインが生まれ、独自性のあるワイン産地が形成されたと考えていいでしょう。つまり、ワインのグローバリゼーションがあったからこそ、多様なワインが生まれたのです。こうした巨視的な見方のなかでは、ワイン造りがテクノロジーによって画一化したというのは、ひとつの挿話にすぎません。事実、各地で土地の自然を尊重し、土地と対話しながら、さまざまな工夫によって土地の長所を生かし、欠点を乗り越える「テロワールのワイン」が生まれているからです。

世界におけるワインの多様化という文脈のなかで、フランスワインでも、カリフォルニアワインでもない、日本ワインという新しいタイプのワインが生まれつつあるのです。

次章では、日本におけるワインの在り方について考えてみましょう。

第三章

日本産のワインが美味しくなったわけ

国産ワインから日本ワインへ

日本のワインを飲んだことがありますか。飲んだことがあるとしても、それが本当の意味で日本産のワインだったでしょうか。

別の質問をしてみましょう。日本でもっとも多くのワインを生産している県は？

「ぶどうをたくさん生産している山梨県だろう」と思う人は、それなりに日本のワインのことを知っていますね。しかし、第一位は山梨県ではありません。

なんと、一位は神奈川県なのです。山梨県は三位です。

国税庁が毎年、調査年度の翌々年に公開する「国税庁統計年報書」の二〇一三（平成二十五）年度版によると、神奈川県の「果実酒」の「製成数量」は三万一二八一キロリットルで、三位の山梨県の一万八五七七キロリットルをはるかに凌駕しています。神奈川県の製成量は全体の三四パーセントにも上っており、山梨県は二〇パーセントです。

ちなみに、二位は二万一〇九七キロリットルの栃木県、四位は八四六八キロリットルの岡山県、五位は四三一二キロリットルの長野県です。これ以外の県は製成が一〇〇〇キロリットル未満で、主要な果実酒生産県は以上の五県です。

果実酒には、果実から造られたアルコール飲料がすべて含まれています。しかし、一部リンゴから造られる微発泡性のアルコール飲料シードルをのぞけば、これは現在の日本では、ほぼそのままワインの生産量と考えていいでしょう。

しかし、二位以下の県がぶどうやその他の果樹栽培で知られる農業県であるのに、なぜ都市的立地条件の神奈川県がワイン生産で一位なのでしょうか。

ぶどうを産しない神奈川県でワイン製成数量が多いのは、輸入した濃縮ぶどう果汁を加水還元後に醸造してワインにしたり、バルク（大樽）で輸入した安価な外国産のワインを瓶詰めしたりしているからです。こうしたワインが、国税庁の資料に「国産ワイン」として計上され、市場に出回っているのです。たしかに、国内で輸入果汁をワインに醸したり、輸入ワインを国内で瓶詰めして出荷したりすれば、国「産」ワインです。少なくとも、出荷時に課税される現在の「庫出税」上は、国産となります。

輸入果汁やバルクワインから国産ワインを「製成」するには、大きな港の近くに工場を作り、そこでワイン「製成」を行うのが、もっとも安価で合理的です。

こうして、日本で国産ワインと称されるものの多くは、日本産のぶどうをまったく使っていないか、使っていても一部にすぎないような、日本の工場で製造されたワインなのです。神奈川県が全国のワイン生産の三分一を占めており、他の県でも同様のワイン「製成」が行われていると思われるので、日本のワインを飲んだつもりでも、中身は輸入果汁や輸入ワインということが頻繁に起こります。

税制用語は、「庫出税」のように、他の法律用語同様、専門家にしかわからない特別な言葉遣いをしますが、果実酒の生産を「製成」という普段あまり使用されない語を用いて呼ぶのも、こんなカラクリを暗示しているとは思いませんか。

そんななか、少し朗報もあります。二〇一五年の六月、国税庁は国会議員有志の提案を受けて、「日本のぶどうを使ったワイン」を「日本ワイン」と認定することに決定しました。これからは、国産ワインと日本ワインが区別されて、本当に日本のぶどうを使ったワインが日本ワインと認知され、本当の意味で日本産のワインとして受容されていくことでしょう。

そもそも、すでに述べた通り、ワインは工業製品ではなく、基本的に農産物ですから、日本のぶどうで造られたワインが日本ワインであるという認識が正しいのです。アメリカでできたぶどう果汁を使って、ブルゴーニュで醸造したとしても、それはブルゴーニュのワインとも、フランスのワインとも呼べないのは明らかです。もちろん、フランスのAOC（原産地呼称統制法）では、そうしたことを認めていません。

醸造家ではなく栽培家

なぜ、いま純日本産の「日本ワイン」が「国産ワイン」と区別されて認知されだしたのでしょうか。なによりもまず、一九九〇年代以降日本のワインの品質が向上したという事実があります。その品質向上は、醸造技術によってもたらされたというよりは、ぶどう栽培への注目によるところが大きいといえます。具体的には、それまで主流だった生食用品種（ラブルスカ）

からワイン用品種（ヴィニフェラ）に植え替え、棚栽培をやめて垣根栽培に転換したのです。

世界のワイン用ぶどう栽培の主流は、ワイン用品種を用いた垣根仕立てで行われています。フランスをはじめとしたヨーロッパの伝統的なワイン産国では、ワイン用品種ではないぶどうからのワイン生産は法律で禁止されています。いくら栽培に手をかけても、ワインにするとフォクシー香といわれる独特の好ましくない風味があるからです。

また、日本で伝統的に行われてきた棚仕立ては生食用ではそれなりの成果をあげても、ワイン用となると養分が枝葉に回ってしまいます。これに対して、樹木を低く剪定する垣根仕立てでは養分が果実に凝縮し、ワインにしたときにいい結果をもたらします。生食では隠されている欠点も、ワインという形で果汁を凝縮させると、あからさまになるといえばわかりやすいでしょうか。日本でもようやく一九八〇年代から、ヴィニフェラによる垣根仕立てが徐々に行われるようになりました。

当時メルシャンの醸造技術者だった麻井宇介は『ワインづくりの四季』（東書選書）で一九八七年から携わった「城の平試験農場」での垣根栽培の成果をふまえ、「プロローグ」で以下のように力強く宣言しています。

「ワイン屋として本気でこれからも日本でワインをつくっていこうとするなら、ブドウ畑こそがワインの核心を形づくる真の現場なのだと、堂々と揚言する覚悟が求められる。それでなければ、よいワインなどつくれるはずはない」

麻井は、この著作のなかで、再三栽培の重要性を強調しています。日本を代表する「醸造家麻井」は「栽培家麻井」として再出発したのです。品種をワイン用にして、大木疎植栽培の棚仕立てから小木密植栽培の垣根仕立てにすることの必要性を何度も説き、高温多雨の日本では棚仕立てというのは悪しき伝統による思い込みだと、麻井は断言しています。事実、江戸期の古文書を調べあげ、昔はいまよりもっと密植だったとも述べています。

栽培農家の高齢化が進み、跡継ぎがいない状況を考えても、麻井は垣根仕立てによるワイン用品種への転換以外に勝沼のワイン産地としての未来はないと主張します。

残念ながら、麻井の主張とは裏腹に、山梨では伝統がかえって足かせになって、なかなかこの転換が進んでいませんが、北海道や長野県など、新規にワイン造りに参入する人々が増えている地域では、麻井の予言は実現しつつあります。

二〇〇〇年代以降の新たな世代のワインの造り手たちの多くは、自分でぶどうを作るところからワイン造りを始めています。最初は醸造を既存のワイナリーに委託し、可能なら自前の醸造設備を造って果実酒製造免許を取得し、自家醸造を行うというものです。

その背景には、日本の特殊事情があります。果実酒の製造免許の取得条件が厳しく、大規模な生産量が規定されているため、ワイナリーの建設に莫大な費用を要するからです。これはワイン生産をアルコールの製造と考えて、確実に一定の税金を取るための方策です。フランスやイタリアの基準はもっと緩やかで、零細な家族経営のワイナリーが多数存在しています。

さらに日本のワイン造りを困難にしているのが、農地法による規制です。日本では例外的な事例をのぞいて、企業は農地を所有することはできません。ぶどう栽培者とワイン醸造家が分離しているのです。ぶどう栽培は農業であっても、ワイン醸造は工業とみなされるのです。

こうした税制上の制限や法律の規定は、ぶどう栽培とワイン造りを一貫した過程だとみなす果実酒造りの文化が、日本では伝統的に不在であることを示しています。

フランスをはじめとしたワイン文化のある国々では、ぶどう栽培者がワインを醸すのは当たり前です。農業の延長上に醸造があるのです。しかし、ワイン文化のない日本では酒造りはあくまで醸造業、つまり工業なのです。日本ではワインを造る人は長らく「ワイン醸造家」と呼ばれてきました。この呼称にワイン造りを工業とみなす日本の伝統が象徴されています。

これは日本酒（清酒）の醸造を考えればわかります。大手の酒造メーカーは原料である酒米を日本全土から買い入れ、自分の醸造場で酒に醸すのが普通です。米農家と杜氏を筆頭とする日本酒の醸造家は別なのです。この原料生産とアルコール醸造の分離は他の穀物酒でもみられます。ビールやウイスキーでも、醸造所が原料生産を兼ねるというのは例外的な事例です。

フランスでは「ワイン醸造家」という表現は一般的ではありません。一般的にワインの造り手はヴィーニュロン（vigneron）と呼ばれます。辞書には「ワイン用ぶどう栽培者」というやや回りくどい訳が載っていますが、わかりやすくいえば「ワイン農家」です。ワインはあくまで農家が造るものなのです。それが日本では法律でぶどう農家とワイン醸造家が分離され、さらにぶどう農家が醸造場をもつには厳しい条件と多大な費用が必要になるのです。彼此（ひし）の違いの大きさに驚きますが、それを嘆いていても始まりません。飲食文化の違いなのですから。

しかし、それを乗り越える工夫もワイン造りに取り組み始めた日本の各地で行われています。たとえば、長野県東御（とうみ）市にワイナリー「ヴィラデスト」を立ちあげた作家の玉村豊男さんがヴィラデストに近接する広大な敷地に二〇一五年、官民ファンドの投融資や農水省の交付金を得て創設した「アルカンヴィーニュ」の試みです。ここでは「千曲川ワインアカデミー」と称する新しいワインの造り手を養成する総合的な年間講座が、ぶどう栽培やワイン醸造の専門家を講師陣に招いて運営されています。初年度には二十名の募集に、なんと五十名を超える応募があり、選考に困ったそうです。受講生のなかには都会生まれの都会育ちで農業をめざす若者のほか、大企業の部長クラスや医師までいるというから驚きです。

こうして、日本でもようやくワイン醸造家の時代が終わり、ヴィーニュロンの時代、ワイン農家の時代がやってきたのです。ワインをぶどう栽培から造っていく。ヨーロッパのワイン産国では当たり前なことが、いまようやく日本でも当たり前になりつつあります。非常に健全なことだといえるでしょう。生産面での日本ワインの品質向上の理由は、ここにあったのです。

受容面での変容を忘れてはいけない

生産面で品質が向上しても、それを正統に受け入れる消費者がいなくては成立しません。

二章で引用した「ワインが売ることができる場所にいないとすれば、あなたは偉大なるぶどう畑をどうしようというのか」という十六世紀の農学者の炯眼（けいがん）は、ここでも真理です。生産は消費と結びついてこそ成立します。

ただし、十六世紀以前にワイン文化がすでに伝統としてあったヨーロッパと異なり、日本の場合はせいぜい明治以降にワインの飲用が始まったのですから、消費地への立地ではなく、消費者そのものの形成が重要になります。美味しいワインを美味しいと思い（受容）、それに見合った代価を払う消費者側の行為（消費）があって、はじめて日本産のワインの品質向上が可能となるのです。

そうした受容の形成を考えるうえで、一九七五（昭和五十）年は重要な転機でした。日本の社会学者としてはめずらしく、嗜好品を中心に飲食に高い関心を示す高田公理（まさとし）は、この時期を日本における「第二の都市化」と位置づけています。

第二の都市化とは、それに先立つ都市化が都市生活の近代化であったのに対して、地方や田舎が生活レベルで都市的な様式に変換しだしたことを意味します。田舎にも冷蔵庫や炊飯器などの家電製品が普及し、生活様式が都市化したのです。そうした日本全土の都市化は、一九五〇年代に始まる日本の高度経済成長が、事実上完成しつつあったことを示しています。

ワインでも一九七五年は重要な転換点でした。この年に、「果実酒」の製成数量が「甘味果実酒」の製成数量をはじめて上回ったからです。これ以後は、果実酒の生産量は基本的に増加し、甘味果実酒の生産量は急速に落ち込んでいきます。

この一九七五年には、ほかにも興味深い変化が起こっています。ウイスキー・ブランデーと日本酒がそれまでの増加から減少に転じる一方、焼酎が増加しています。これは次章以降で詳しく述べますが、日本人の食べ方・飲み方の深い変化と連動した変化の始まりでした。

こうして、一九八〇年には、日本のワイン生産者も、従来の甘口おみやげワインではなく、「辛口」の「本格」ワインを造るようになっていきます。

そもそも、「辛口」「甘口」という形容は日本酒のもので、基本的にワイン文化のあるワイン産国では、ワインは「辛口」と相場が決まっています。

しかし、「ポルトガルのポート（ポルト）やマディラ、フランスのソーテルヌに代表される甘口貴腐ワイン、ドイツのトロッケンベーレンアウスレーゼなどがあるではないか。ワインにも甘口と辛口があるじゃないか」といわれるかもしれません。たしかに、そうです。しかし、食卓で料理とともに飲まれる食中酒のワインは、基本的に「辛口」で、甘口が例外なのです。第一、生産量を比べれば、「辛口」が圧倒しています。

だから、ワインの味を「辛口」と形容しても、ほとんど意味をもちません。どんな辛口か、渋味が強いのか、果実味があるのか、酸味はどの程度なのか、といった内容こそ問題なのです。

にもかかわらず、日本では相変わらずワインについて一部で「甘口」か「辛口」が問題になるとすれば、それは日本がワインを受容していく過程で、本来多様に「辛口」だったワインを

「甘口」に変容させて受容してきたからにほかなりません。かつて「滋養強壮」のために〈薬用消費〉されたワインや、甘いものとして〈おやつ消費〉の対象となったワインは、すべて「甘口」でした。そんな「甘口」ワインへの嗜好が、世界のなかでむしろ例外的な存在といえる甘いワインを重視する見方を助長してきたのです。

この伝統的な甘口ワインから、本格的なワインへの、あるいは本来のワインへの転換が起こったのが、一九七五年でした。そして、その転換が一時的な嗜好の気まぐれでも流行でもなく、継続的な深い変化だったことは、その後、甘味果実酒の生産がほぼ一貫して減少し、果実酒の生産が多少の上下はありますが、基本的に増加しているというデータに如実に示されています。

こうして、日本でもようやくヨーロッパのワイン産国のように、ワインは食卓で飲む「食中酒」であるという見方が定着し、食卓酒としてワインが飲まれるようになりだしたのです。

ワイン受容の変化が日本産のワインを変えていく

この変化の背景には、フランスをはじめとした良質の外国産ワインがたくさん輸入され、消費者が本来のワインを味わいだしたという、食卓でのワイン志向がありました。

さらに、フランス料理店やイタリア料理店の展開も、こうした食卓ワイン志向を後押ししました。バブル経済の好景気のなかで、高級フランスワインが次々に消費された一九八〇年代のフレンチブーム。その後の、日本ではより気軽と思われている一九九〇年代のイタリアンブームが、ワインの受容とワインの消費を一気に拡大し、ワインは料理に合わせて選び、料理と一緒に飲むものというイメージを定着させていきます。こうして美味しいワインに接する機会が増えた日本の消費者の受容の変化が、日本産のワインにも波及したのです。

これまで紹介してきたフランスの歴史地理学者ロジェ・ディオンによるフランスワインの展開の歴史的考察を思い出しましょう。考察の基本的な視点は、受容と消費が製造と生産を規定するというものです。ワインがどのようなものとして受け入れられ、消費されるかが、ぶどう栽培からワイン醸造までの現場の製造を規定し、さらに立地や流通をも含めたより広い意味での生産を規定するのです。

この見方は、とくに日本のような国では重要です。いいワインを造っても、それを「いいワイン」だと思って飲んでくれる人がいないと意味がないからです。かつてヨーロッパでは、いいワインは消費地との流通が確保された場所で造れば（たとえば航行可能な河川の流域）、売れました。流通手段の発達した現代では、いいワインを造れば、売ることは可能です。ただし、それを「いいワイン」と判断する消費者がいることが鍵になります。ワインが文明の飲み物で、宗教的価値ももったヨーロッパにはそうした消費者がいました。

日本では、このような「いいワイン」にそれなりの代価を払って消費するという土壌が消費者の側で形成されつつあったのが、一九七〇年代後半から一九九〇年代でした。残念ながら、それは日本産のワインではなく、フランス産やイタリア産の美味しいワインによってもたらされました。こうして、ワインは食卓で飲むものだという認識と、いいワインの味のわかる消費者が形成されてはじめて、日本でも甘口ではない食事に合うワインの製造と品質のいいワインの生産が、意味のある行為であり、つねに一定の利益を生む永続的な事業となったのです。これは特筆すべき変化です。

なぜなら、農産物の輸入が自由化されず、ワインに高い関税がかかっていた一九七〇年代以前、日本には外国のいいワインはあまり入っていなかったからです。一部に非常に高級なワインが入っていても、それは非常に高価で、多くの人には手の届かない贅沢品でした。

辻調理師学校の創設者で校長も務めた辻静雄（一九三三〜九三年）は、当時日本でもっともフランス料理とフランスワインに精通していた一人といっていいでしょう。フランス料理やワインに関する数多くの著作がありますが、一九六七（昭和四十二）年の『たのしいフランス料理』（婦人画報社）という著作のなかで、フランス料理には食中酒としてワインが付きものであると述べたあとで、そっけなく次のように記述しています。

「日本に輸入されているワインなど、少数の例外を除いて、まともな銘柄のものなど微々たるものなので、どんなワインを欲しいといったところで、まず、すぐ手に入る可能性はありません」

こうして「楽しく」「フランス料理」を味わおうと思ってこの本を手に取った読者に、フランス料理の専門家である辻静雄は、フランス料理の重要な一部であるワインを、日本では断念せざるをえないと宣告するのです。いや、そう宣告せざるをえない状況が日本にあったのです。

父の吉田茂元首相が外交官だったため、幼少期をイギリスやフランスで暮らした文学者の吉田健一（一九一二～七七年）は、東西の佳肴（かこう）や珍味を知り尽くした食通として飲食に関する著作を数多く遺しています。そんな吉田の一九六〇年代の食のエセーを主に集めた『酒肴酒（さけさかなさけ）』（光文社文庫）を読むと、フランス料理でももっぱらビールが飲まれていて、事情を知らないとちょっと驚きます。イギリスやフランスで、西洋料理を味わいつくした吉田健一が、フランス料理を食べてワインを飲まないのは、エセーのひとつで述べているように、ワインの値段が料理よりもべらぼうに高く、二倍も三倍もするからでした。

つまり、フランスをはじめとしたヨーロッパのワインが入っていても、高級なものに限られており、高い関税のため、高い値段がさらに高くなり、辻や吉田といった人たちでさえ、そう簡単には手の出せない飲み物だったのです。

おしなべて高い関税がかけられていた当時、安いワインを輸入しても、税金のほうが高くなるのがオチで、そうしたワインは輸入さえされていませんでした。高い税率にもかかわらず輸入されるワインは、どうしても高級なワインにならざるをえなかったのです。

しかし、一九七五年を境に、一九八〇年代以降は、他の物品同様、相次いでワインの関税も引き下げられ、高級ワインのほか、比較的手頃な価格帯の質のいいワインが多くの人の手の届くものになりました。これが日本産ワインの品質向上を、深いところで支えていたのです。

本場での体験

一九八〇年代以降、フランスをはじめとした良質のワインが広まりだした一方で、それに呼応するかのように、徐々に日本人がヨーロッパの本場の飲食文化のなかでワインを体験するようになります。一九六〇年代に海外渡航が自由化されたからです。それまでは受け入れ保証人がいないと外国に行けず、持ち出せる外貨にも制限がありました。こうして、ヨーロッパのワイン産国で質のいい多様なワインにふれる人が増加していきます。

玉村豊男さんは、こうした本場でワインを体験した先駆者の一人といえるでしょう。東大仏文科の学生だった一九六〇年代末に、フランス政府給費留学生として留学し、本場でフランスワインにふれているからです。

玉村さんの一世代あとの私も、早稲田大学大学院のフランス文学専攻の学生だった一九八五年から三年間、玉村さんと同じフランス政府給費留学生としてパリ大学に留学し、フランスの食文化のなかでワインを覚えました。

そんなフランス生活のなかで、日本から来る親戚や友人に付き合って、たまには星つきレストランで高級なワインも飲みましたが、なにより体験として貴重だったのは、日常のデイリーワインの食卓での美味しさを知ったことでした。

こうして日本だけでなく、本場でも良質な食卓ワインを二十代、三十代で飲んだ世代が、一九九〇年以降、三十代、四十代になって、日本のワインの品質向上の担い手となっていったのです。「日本のワイン」から「日本ワイン」となった背景には、こうしたワインの受容と消費があったことを忘れてはいけないでしょう。

日本産ワインの品質向上は、ワインが食中酒であるというワイン受容の変化と、いいワインをたくさん飲んで経験するという消費に、その隠された大きな理由があるのです。

ここで、この章の章題となっている「日本産のワインが美味しくなったわけ」という問いに答えを出しておきましょう。その答えは、日本人がフランスをはじめとした良質のワインを飲みだしたから、というある意味単純なものです。しかし、食卓でワインを飲むというワイン文化がなかった日本で、手頃で品質のいいワインが食卓で飲める機会が増えたということを抜きに、日本産のワインの品質向上は望めなかったというのは厳然たる事実です。

何事においても、いいモノを知らなくては、いいモノは生みだせません。絵画や音楽でも同じです。まして、味覚は身体的に刷り込むしかない知覚ですから、日本や本場での数多い体験こそがものをいいます。料理の写真をいくら眺めても、ワインの評論をいくら読み込んでも、実地に味わうことなしには、何も始まりません。その点でも、玉村豊男さんの事例は雄弁です。

一九九一年にワイン用ぶどう栽培を開始し、二〇〇三年に果実酒製造免許を取得してワイナリー「ヴィラデスト」を設立しました。そして、そのわずか二年後の二〇〇五年に造った「ヴィニユロンズリザーブ シャルドネ 二〇〇四」が「国産ワインコンクール」で銀賞を受賞し、その後のヴィンテージも相次いで受賞をしています。

なぜ、これほど評価されるワインが比較的短い期間で造れたのでしょうか。その答えはシンプルです。いいワイン、美味しいワインをいっぱい飲んできたからです。もちろん、現場で栽培と醸造をともに管理している小西超さんの努力も見逃せません。その小西さんは、麻井宇介から栽培と醸造を実地に教えられた最後の弟子なのです。

もうひとつ例をあげましょう。同じ長野県の「小布施ワイナリー」の現オーナー曽我彰彦さんの事例です。ワインが取りもつ縁で友人となった曽我さんは、一九七一年生まれ、四十代の新しい世代を代表するワインの造り手です。麻井宇介の弟子の一人でもある曽我さんは、フランス・ブルゴーニュで一年半修業し、一九九八年に帰国、父からワイナリーを引き継ぎ、その四年後に造った「ドメイヌ ソガ シャルドネ 二〇〇二」で、二〇〇三年の「国産ワインコンクール」の金賞を獲得しています。帰国して五年後に造ったワインでの受賞です。

日本で唯一「JAS有機認証」を正式に取得していることからわかるように、ぶどう栽培とワイン造りにかける曽我さんの情熱は私もよく知っています。しかし、ここでも、曽我さんが高品質のワインをいち早く造りだした基本は、いいワインを自分の舌で味わい、身体に刻み込んでいるからにほかなりません。

もちろん、土地の味を引きだす、いいワインを造ろうという「意欲」がないといけないことはいうまでもありません。しかし、いいワインを知らなければ、どこをめざせばいいのかわからないのも事実です。このいいワインを知るということが、一九七〇年代以降の日本で、深く広く進んだ結果が、日本ワインの品質向上をもたらしているのです。

いいワインをたくさん日常的に飲むことで、いいワインが生まれる。それは、いいモノを知らずして、いいモノは作れないという真理の一面です。

この単純な命題は、歴史のなかで、いま思うほど単純なものではありませんでした。その点を次に検討してみましょう。

ワイン産国としての日本の独自性

ワイン産国として、世界に類例をみない日本の独自性とは何でしょうか。湿気、島国、山が多い、キリスト教国でない。どれもそれなりに正しいですが、私が考える解答ではありません。いま世界の市場を席巻している新大陸のワインも、もともと多かれ少なかれワイン文化をもっていたり、ワインの飲用習慣を身につけていたヨーロッパ人がもち込んだものです。日本のワイン生産はそうではありません。非ワイン文化の住民による独自のワイン造りであるからです。これが世界に類例のない日本のワイン造りの歴史的な独自性です。

日本のワイン造りは明治の殖産興業の一環として導入されました。日本におけるワインの生産面の歴史については、すでに当時の資料に詳しくあたって歴史的経緯を慎重に検証した麻井宇介や郷土史家・上野晴朗らの著作（麻井『日本のワイン・誕生と揺籃時代』、上野『山梨のワイン発達史』）によって多くのことが明らかにされています。ここでは、他の資料や著作もふまえ、簡単にワイン造り導入の理由をまとめておきましょう。

それは、水田耕作に向かない荒蕪地を利用し、失職した士族の雇用を促進するためでした。その背景には、こうした事業を興して解決すべき国家的な経済規模のより大きな理由がありました。米を節約して、あわよくば輸出に回そうというものです。というのも、一八六八（明治元）年と一八六九（明治二）年はともに米が凶作で、日本人の主食である米を外国から輸入していたからです。近代化のために多くの物品や資材を輸入に頼っていた明治政府にとって、主食の輸入は大問題で、ただでさえ赤字傾向の貿易収支をさらに悪化させていました。

でも、なぜ米の増産ではなく、ワイン用ぶどう栽培なのか？

それは日本では長い間、日本酒（清酒とそれに類する米の酒）がほぼ唯一のアルコール飲料であり、それが主食である米を原料に造られていたからです。ちなみに、ワインは果実のぶどうから造られ、主食のパンは穀物の麦から作られます。この違いは決定的です。

主食である米をほぼ唯一といっていいアルコール飲料の原料にしている——このことはみなさんが考える以上に、日本の飲食文化に大きな影響を与えています。詳しい検討は次章以降に譲りますが、江戸時代にすでに凶作で飢饉になりそうな際や、実際に飢饉が起こった際には、何度も酒造制限の命令が幕府から出されています。これは主食と主たるアルコール飲料を同じ穀物に頼る日本の宿命なのです。

欧米を視察した大久保利通をはじめとした明治政府の高官たちは、ヨーロッパの荒蕪地でぶどうが栽培され、それがワインとなって国民のアルコール飲料として常飲されている様子をみて、日本の飲食文化の宿命について考えました。ぶどうを栽培してワインを造り、国民がワインを飲むようになれば、日本酒の生産と消費を抑え、米を節約して、輸出に回し、貿易収支を黒字に改善できると考えたのです。

しかも、国産ワインの生産が軌道に乗れば、ビールやウイスキーとならんで西洋から入ってくる洋酒のひとつであるワインの輸入も減らせ、貿易収支を改善できます。

明治の殖産興業政策の一環としてワイン用ぶどう栽培とワイン生産が日本に導入された背景には、ある意味非常に鋭い日本の飲食文化への洞察とその遠大な変革への企図があったのです。

明治の急速な世態風俗の西洋化

しかし、ここでは大きな問題が忘却されています。受容の問題です。ワインを造りさえすれば、それを日本人の多くが飲むだろうと想定されていたふしがあります。麻井はこの点で、明治政府のワイン政策は明らかに「絵に描いた餅」だと評しています。

たしかに、そういう面もあります。しかし、当時の政府高官たちは、明治初期に断髪令や廃刀令を矢継ぎ早に公布して成功を収めたことや、それまで宗教的理由からタブー視されていた牛肉食が牛鍋として都市部を中心に流行するという、世態風俗の急激な変化を目の当たりにしていました。ですから、案外ワインもうまく広まるのではないかと考えていたのでしょう。

牛肉食にいたっては、明治政府は一八七二（明治五）年に宮中で明治天皇に牛肉を食べていただいて、それを新聞で報道するという策まで講じています。

事実、江戸末期から戯作者として活躍していた仮名垣魯文（かながきろぶん）は、一八七一（明治四）年に刊行した『安愚楽鍋』のなかで、忠実な臣民である日本人が文明開化の象徴として牛鍋を喜んで食べる様子を描いています。「開場」と題された序文で、魯文は「士農工商老若男女。賢愚貧福（けんぐひんぷく）おしなべて。牛鍋食わねば開化不進奴（ひらけぬやつ）」と啖呵（たんか）を切ります。江戸の戯作の雰囲気をたたえたこの小説は大ベストセラーとなり、翌年には続編まで出ています。

この小説は文明開化の象徴としての牛肉食のイメージを強化し、牛肉食を促進する役割をにないました。やがて明治後期になると、この文学と新しい飲食のコラボレーションは、牛鍋店を舞台に男女の愛憎を鋭く描いた、文豪・森鷗外の牛鍋文学の傑作ともいうべき短編「牛鍋」（一九一〇年）を生んでいます。鷗外が煮詰まる牛鍋に男女の燃えたぎる愛情を託すまでに、牛肉食は定着したのです。事実、明治二十年代には牛肉食が可能な店舗が東京にはすでに何十軒もありました。

天皇の宮中牛肉食に続いて、政府は一八七四（明治七）年に、宮中に西洋各国の公使や高官を招いたはじめての午餐会を開き、フランス風の西洋料理の豪華なコースを高級ワインとともに提供しています。ワインも御上が聞こし召し、政府が主導で消費すれば、臣民にもやがて広まる——そう彼らが考えてもおかしくないほど、急速な世態風俗の西洋化があったのです。

受容なき製造、消費なき生産

しかし、ワインはそう簡単に西洋にあるような形では受容されず、消費もされませんでした。そもそも、殖産興業政策の一環として設立された富岡製糸場は当初、フランス人技師を招いて技術指導を受けたように、多くの場合、新たに興される事業には西洋の専門家が招聘されるのが普通でした。また、官をあげての留学生の派遣も行われました。

しかし、ぶどう栽培とワイン造りには、政府によるそうした技術者の招聘もなく、政府による留学生の派遣もありませんでした。明治期に日本の各地でワイン造りを指導したのは、現地に滞留していたキリスト教の宣教師や商売のために日本にやってきた民間の技術者でした。

ワイン造りの始祖として日本のワイン史でかならず語られる、山梨県祝村（現・勝沼町）に一八七七（明治十）年設立された日本初のワイナリー「祝村葡萄酒会社」からフランスのシャンパーニュ地方に派遣された二人のワイン留学生、高野正誠（まさなり）と土屋助次郎（のちに龍憲）も、政府と県の援助は受けていたものの、民間の留学生でした。しかも、一年でワイン造りが習得できない場合は、自費で残って研修を続けるという誓約書を会社と交わしていました。

日本のワイン生産の将来を託された彼らは、その期待に応えようと詳細な手記を遺していて、ぶどう栽培の要点やワイン醸造の機器や手順が細かく記されています。しかし、その手記にワインの味覚的記述がありません。彼らはフランスのワイン生産者の家に一年以上も滞在したのですから、昼も夜も食事とともにワインを味わったはずです。当時のフランスのワイン消費は十九世紀の最高値を記録し、公式統計で平均一人年間一四〇リットルを超えていました。一日当たり約三八〇ミリリットル以上ですから、ワイン半本分です。これは税金を払って造られたワインの総量を総人口で割ったものなので、実際の成人男子のワイン消費はさらに多かったはずです。つまり、彼らは当時もっともワインを飲んでいた日本人でした。その彼らの手記にワインの味の記録がなく、彼らがワインをどう受容したのか、書かれていないのです。

帰国した二人は、その後、祝村葡萄酒会社でワイン生産に携わり、造ったワインがほとんど売れず、会社が大きな負債を残して一八八六（明治十九）年に解散したあとも、それぞれぶどう栽培やワイン生産に生涯関わっています。しかし結局、ともにワインを造って日本で広めるという当初の志を遂げずに、裕福だったそれぞれの家の資産を蕩尽（とうじん）して一生を終えています。

ここで問題にしたいのは、明治の殖産興業につきものの失敗ではなく、彼ら自身がワインをどう思って飲み、どう考えていたのか、つまりワインの受容を語っていないという事実です。

同じようなことは、ワイン事業に投資した甲府の地主を中心とした富裕層の会合では、ワインではなくもっぱら日本酒が酌み交わされていたという事実にも表れています。

こうして日本各地で造られつつあったワインは、結局、流通経路もないためほとんど売れず、多くのワイナリーが潰れたり、転換を迫られたりしました。

明治政府が考えていたのは、ぶどう栽培から始める壮大なワイン生産という国家をあげた一大プロジェクトでしたが、現場ではワインとはこういうものだという文化的イメージをもたない受容なき製造であり、結果としてワイン飲用を広める手段を欠いた消費なき生産でした。

ワインの歴史に関するほぼすべての著述や記述が、明治から大正にかけて西洋風の本格的なワインが受け入れられなかった理由として、ワインが「酸っぱく」「渋く」、それが日本人に馴染まなかったと述べています。たしかに、そういう部分があったでしょう。しかし、それだけではありません。

当時はヨーロッパで害虫フィロキセラが猛威を振るっていたため、ヨーロッパ系のヴィニフェラからより育てやすいアメリカ系のラブルスカに転換せざるをえなかったという、栽培上の不運もありました。さらに、当時の日本酒の醸造を適用したワイン造りは、それなりの創意工夫だったとはいえ、本場の技術者が不在のままで、醸造技術が未熟だったことは否めません。

事実、当初は物珍しさから評判になった祝村葡萄酒会社のワインも、やがて腐造が続出したことがわかっています。高温多湿の日本では、いまでも温度管理のできるセラーがないとワインはすぐに傷みます。知識や情報のない当時、保管や流通にも問題があったのでしょう。要するに、「酸っぱい」「渋い」という以前に、ちゃんと飲めるワインだったのか怪しいのです。

ワインの歴史を書こうというほどワインに興味がある人や、それなりにワインに関わる人があからさまに書けることではありません。当事者が書く歴史は往々にして当事者に都合よく書かれるものです。ただし、彼らに同情すべき点もありました。当時は幕末に締結された不平等条約のため、日本に関税自主権がありませんでした。西洋の本格ワインが日本のワインとさほど変わらない価格で出回っていたのです。

こうした事情を考慮したうえで、さらにひとつだけ付け加えておくべき歴史的事実があります。ワインと同時期の明治初期に日本に導入されたもうひとつの洋酒ビールが、その「苦さ」で味覚的に人々を反発させたにもかかわらず、明治二十年代にいち早く国産化に成功し、すでに現在のキリン、アサヒ、サッポロのもとになった三社による寡占体制ができあがり、ビアホールや西洋料理店を通して人々に受け入れられていったという事実です。ビールは日本に定着し、いまや「とりあえずビール」というほど国民的な飲料となりました。

ところで、ビールの苦さはどう克服されたのでしょうか。これはさらに詳しい検証を要する問題なので、単にここでは問題を解く鍵だけを指摘しておきます。ビールの苦味は多くの証言から、泡の特徴を生かした「喉ごし」のよさの強調によって克服されたと予測されるのです。

では、栽培や醸造の未熟さで倍加しただろうワインの「酸っぱさ」と「渋さ」は、どう克服されたのでしょうか。

日本独自の甘味葡萄酒の登場と定着

それは甘味によってでした。

明治十年代のはじめに、最初のヒット商品が生まれます。神谷伝兵衛の作った「蜂印香竄葡萄酒」です(現在の合同酒精の前身)。この日本独自の甘味葡萄酒は一八八五(明治十八)年に商標登録されると、商才のあった近藤利兵衛の手腕で都市部を中心に日本全土に普及します。近藤は販売のために洋酒問屋「近藤利兵衛商店」を立ちあげ、販売網を確立します。

当初、甘味葡萄酒は薬用飲料として薬屋で販売されていました。既存の販路が活用されたのです。日本には明治以前から薬用酒の伝統がありました。香草や薬草、場合によっては果実も入れた健康ドリンクです。いまでもある「養命酒」はそのひとつです。薬用酒は苦味もありましたが、多かれ少なかれ甘口に仕立てられていました。本格ワインとして受容されなかったワインは甘味葡萄酒となることで、薬用酒のひとつとして受容の可能性を見いだしたのです。

こうして甘くないワインは甘味葡萄酒と区別されるため「生葡萄酒」と命名されます。本来のワイン文化圏では考えられない名称です。なぜなら、「ぶどう果汁だけを醱酵させたものがワインである」からです。西洋では、ワインはすべて「生ワイン」なのです。

近藤利兵衛はさかんに自社の製品を宣伝しました。ラジオもテレビもない明治時代のメディアといえば、なによりも新聞でした。近藤は多くの新聞に定期的に広告を出しています。

この甘味葡萄酒のヒットは、多くの類似商品を生みます。ワインは甘口の薬用葡萄酒として受容され消費されるようになっていきます。

甘味葡萄酒が薬用酒になった背景には、明治初期には砂糖自体がまだ非常に貴重で、薬種商で売られていたという事実があることも忘れてはいけないでしょう。現代では、カロリーが多い甘味が脂質とともに健康を害するものと考えられて、甘さを控えた商品やカロリーオフの飲み物が評価されているのですから、想像もつかない事態です。

薬用をうたった飲料はワインだけではありません。薬用ブランデー、薬用ウイスキーなど、とくに西洋由来の飲み物に薬用が冠せられました。西洋の科学が一気に日本に流入し、医学や薬学が導入されるなかで、西洋の文物が身体の健康と結びついて、身体に効果のあるものとしてイメージされたからでしょう。

祝村葡萄酒会社を事実上引き継いだ宮崎光太郎の「甲斐産商店」（メルシャンの前身）も、「生葡萄酒」の生産を続けながら、甘味葡萄酒を製造しています。さらに、こだわりの「生葡萄酒」にさえ、当時の風潮にしたがって、医学的効用を説いています。一八九〇（明治二十三）年のチラシは、「医学博士」二人と「軍医」の推薦文を載せ、「病中の薬用」を謳っています。こうして甘味葡萄酒だけでなく、生葡萄酒さえもが薬用を前面に出すようになったのです。

日本に入った洋酒で明治期に薬用を前面に出さなかったのは、おそらくビールだけでしょう。逆にいえば、それほど早くビールは大衆化したのです。逆にさかんに薬用が謳われたのがワインでした。薬用はさらに細分化し、カルシウム葡萄酒やら規那（きなてつ）鉄葡萄酒といった、いまからみれば奇妙なワインの広告が当時の新聞にはいくつもみられます。「規那」とはキナノキの樹皮を乾燥させたもので、そこからマラリアの特効薬キニーネが抽出されました。当時、いかにマラリアが流行っていたかがわかります。

こうして日本では甘味葡萄酒が主流になっていき、本格的なワインもその影響を受けて薬用を前面に出すようになったのです。

やがて明治も三十年代になると、販売先も薬種商の手を離れて、あちこちの食料品店や酒屋などの店舗で広く売られるようになります。ただ、相変わらず薬効は大きくアピールされていて、新聞広告には「本品は百薬の長たる飲料なり 健康の人常に之を飲めば終生無病たるを得べく 病体の人之を飲めば健康に復する特効を有す」とあります。

ビールが「喉ごし」を強調してやや日本化したものの、大きな変容を被ることなく定着したのに対し、ワインはまったく独自の日本的な変容を被り、その変容のおかげで定着したのです。

牛肉食のいち早い普及に、明治政府は西洋で肉食にかならずともなうワインもいけるのではないかと思ったようですが、ことは予想通りには運びませんでした。第一にワイン用ぶどう栽培が頓挫し、かろうじて残ったぶどう畑はワイン用ではなく、生食用に活路を見いだしたからです。さらに、ワイン造りそのものが本来のワイン生産とは異なる事業になってしまいました。

ただ本来、肉のかたまりをローストして切り分けたり、厚く切られた肉をステーキにしたりする西洋風の肉食文化が、肉を薄くスライスして味噌や醤油で煮込んで食べるという日本的な調理法によってアレンジされたのが牛鍋であり、それがのちにすき焼きとなり、さらに牛丼となったことを考えると、ワインが甘口の薬用になって定着したのとさほど変わらないといえるかもしれません。そして、皮肉なことに西洋で食中酒であるワインの役割をになったのは、西洋料理店で飲まれたビールだったのです。

甘味葡萄酒の内実

先ほど「ワイン造りそのものが本来のワインとは異なる事業になった」と述べました。というのも、甘味葡萄酒はぶどう栽培などに頼らずとも、簡単に合成できたからです。

これが、蜂印香竄葡萄酒のヒットを受けて、類似の甘味葡萄酒が次々と生まれた理由です。一九一五（大正四）年に、政府の税務関係者が洋酒業界や缶詰業界の実情を細かく調査した貴重な報告書ともいうべき『大日本洋酒缶詰沿革史』が刊行されています。洋酒と缶詰が同じように扱われているのには現代の私たちには違和感がありますが、当時はともに西洋から渡来した新しい飲食物で、洋物を扱う小売店舗で販売されていました。

その著作に、他の洋酒の「製造法」に交じって「甘味葡萄酒製造法」という興味深い表があります。「香竄葡萄酒」「白葡萄酒」「甘葡萄酒」「規那葡萄酒」の四つの葡萄酒の成分と製造法が細かく記載されています。まず、この四つの葡萄酒があたかも普通名詞のように併記されていることから、ワイン生産の揺籃から一定の成熟を迎えた大正初期に、これらの葡萄酒がジャンルとして区分されていたことがわかります。しかも、「砂糖」という欄をみると、どの葡萄酒にも多量の砂糖が使われていて、すべて甘口だったことがわかります。

さらに、もっとも驚くべき点は、筆頭にあげられている成分「生葡萄酒」を使っているのは「香竄葡萄酒」と「規那葡萄酒」だけで、「白葡萄酒」「甘葡萄酒」には一滴も「生葡萄酒」が使われていないことです。ぶどう果汁をいっさい使わず、「酒精」（アルコール）に「色素」やいろいろな香料を加え、さらに「酒石酸」や「希硫酸」などの化学物質を足して製造されているのです。まさにまがいものの疑似ワインだったのです。

これだと原料も安く、狭い場所でも簡単に調合できます。しかも、香竄葡萄酒のヒットもあり、かなり高値で売れるので、雨後の筍（たけのこ）のように、いろいろなインチキ甘味葡萄酒が乱造されました。そんななか、「生葡萄酒」を使った「蜂印香竄葡萄酒」は、まだまともなほうでした。

事実、数年前に限定発売された復刻ボトル版の「蜂印香竄葡萄酒」を妻と飲みましたが、結構よくできているのに驚きました。ワインシンポジウムで来日した知り合いのフランス人地理学者数名にも飲ませましたが、「もっとひどいものかと思ったが、案外いける」とだれもが述べていました。当時、いい加減な製法の怪しい葡萄酒が横行するなか、ヒット商品となった「蜂印香竄葡萄酒」はまさに高級なブランド品だったのです。

ウイスキーやブランデーなどの他の洋酒の製造法も載っていますが、どれも似たり寄ったり。まともな原酒を含んだもののほうが少数派です。当時、勃興した零細の家内制手工業としての洋酒製造の実態がみえてきます。葡萄酒製造はそうした疑似洋酒製造のひとつだったのです。

業界人もこうした傾向を認めています。「甲州園」（現・シャトー・ルミエール）の二代目社長の降矢虎馬之甫はラジオを使って自社のワインを宣伝したり、長い宣伝の吹き流しをつけて飛行機に自ら乗り込んでみたりと、情熱的で行動的な人物で、業界紙『東京洋酒新聞』を月一回発行し、ワインの普及に努めるとともに、ときどきの政府や財界に物申し、業界にも忌憚のない批判を浴びせています。

その『東京洋酒新聞』に「甲州園醸造部 主事」という肩書きで親族の一人、降矢懐義という人物が「洋酒講座」を連載しています。連載初回となる一九二六（大正十五）年九月十五日付けの第四十五号の文章は「葡萄酒の話」と題され、葡萄酒理解の前提として「一、天然葡萄酒（生ブドウ酒）、二、混成葡萄酒（甘味ブドウ酒）、三、人造葡萄酒（模造ブドウ酒）」の三つがあると述べています。「甲州園」は甘味葡萄酒や模造ウイスキーなども製造していましたが、「天然葡萄酒（生ブドウ酒）」を最初にあげているところに、本格的なワイン造りに矜恃を抱いていた当時の「甲州園」の気概がみえます。そこからは、当時の甘味葡萄酒や模造甘味葡萄酒に飲み込まれてもがく、本格的なワイン造りの苦悩と迷走がみえてきます。

日本的に変容したワインの名作「赤玉ポートワイン」

日本のワイン史上、伝説のヒット商品となった「赤玉ポートワイン」が生まれたのは、こうした時代背景のなかでした。

発売元は洋酒の製造と販売を手がけた壽屋（現・サントリー）で、発売は一九〇七（明治四十）年。壽屋の創設者である鳥井信次郎が、傾きかけた社運をかけた起死回生の商品でした。鳥井は宣伝がうまく、この赤玉ポートワインを有名にしたのも、その後綿々と語り継がれることになる、女性のヌードポスターでした。日本のワインの歴史でかならず語られるこのポスターは、自社商品の宣伝のために結成した楽劇団の女優を何日もかけて説得して、やっと撮ったものでした。そもそも宣伝のために楽劇団を作るという発想が図抜けています。

ただ、ポスターへの女性の起用は、ビールやワインといった洋酒のほか、日本酒でもしばしば行われていて、けっしてめずらしいことではありませんでした。事実、蜂印香竄葡萄酒の大正初期のポスターにも、和装の女性が左手をワインボトルに置き、右手で赤ワインの入ったグラスを掲げている図案があります。

しかし、ヌードははじめてでした。といっても胸元から上だけで、乳房もみえません。それでも当時は、初の女性のヌードポスターとして大変話題になりました。上半身ヌードの若い女性が赤ワインの入ったグラスを胸の上に掲げて、伏し目がちにこちらをうかがっています。非常に上手い構図です。しかも、背景は濃い灰色で、そこに女性の白い肌が浮きだし、さらに女性の白い肌にグラスに入った赤ワインが浮き上がっています。きわめて現代的なポスターです。

商品自体も輸入スペインワインをベースとして造られており、ワインをまったく含まない模造甘味葡萄酒が氾濫するなか、一定の品質をそなえていました。他の葡萄酒と比べてもかなり高価（米四升分）でしたが、品質がよいので売れると判断したのでしょう。いや、高い価格で差異化したといったほうがいいかもしれません。いずれしろ、品質で差異化し、それをポスターで視覚化する。その後のサントリーに通じる手法です。

宣伝手法とワイン自体の品質によって、赤玉ポートワインは爆発的に売れました。こうして葡萄酒といえば赤玉、ワインといえば甘いというイメージが日本全土に定着します。

この赤玉ポートワインの空前のヒットによって会社の業績をアップさせた壽屋は、熟成に時間がかかり資金の必要な本格ウイスキー作りが可能となり、それがのちに実を結びます。ワインは、ウイスキーという別の洋酒の本格化の捨て石となったのです。

甘味葡萄酒の功罪

麻井宇介は、この時代のワイン生産を概括し、「明治二十年から三十年に至る一〇年間は、殖産興業政策の落し子である本格ワインが、甘味ブドウ酒の内部へ包み込まれていく過程であった」と述べています（『日本のワイン・誕生と揺籃時代』日本経済評論社）。

これを受容面・消費面からみると、本来食中酒のワインが、その機能をビールに奪われ、自身は甘いアルコール飲料となり薬用の健康ドリンクとして食事とは別に消費されるようになっていく過程でした。そうした受容と消費を象徴する言葉が「滋養」です。すでに科学的な意味で用いられていた類似語の「営養」とは異なり、病人にも健常人にも医学的効果のある飲食物がおしなべて「滋養」のあるものとみなされていきました。

明治中期の蜂印香竄葡萄酒の新聞広告にも、すでに「滋養」という言葉が目につきます。しかし、なんといっても重要なのは、赤玉ポートワインのポスターで「美味 滋養 葡萄酒」と「滋養」がクローズアップされていることです。

大正時代は、西洋から導入され、最初は忌避されていた飲食物が「滋養」という効能のもとに受容され、人々に消費されていく時代でした。一九一四（大正三）年にはじめて箱入りで発売された森永ミルクキャラメルのパッケージにも、一九二二（大正十一）年に発売された「グリコ」のキャラメルの外箱にも「滋養」という言葉が躍っています。

このような甘味葡萄酒をワインだと思っていた世代には、なかなか本格的な食中酒としてのワインは造りだせないでしょう。なにせ、自分自身が食卓でワインを飲んでいないのですから。その百年後、本格的な食卓ワインをたくさん味わった世代が、良質の食卓用日本ワインを造りだしたのは、自然の成り行きだったといえるでしょう。

辻静雄はいまから約五十年前、『たのしいフランス料理』のなかで次のように述べています。

「ブドー酒をつくるのには、土壌とか、天候とか、醱酵の過程におけるたくさんの要因が働いて、人間の力量を越えたところで、生れでてくるわけで、恐らく、これからも日本の土地には、なかなか立派なワインの到来というのは、可能性のうすいものなのではないでしょうか」

辻静雄は日本のフランス料理の発展に大きく貢献し、六十歳で逝去しました。フランス料理に殉死したといわれたものです。頻繁にフランスに滞在し、『ミシュラン』で三つ星、二つ星を冠されたレストランを毎日食べ歩いていたからです。

ただし、このワインに関する自然条件重視の宿命論的な判断が、フランスにおいても誤りであり（一章、二章参照）、日本においても誤りであったのは、うれしいかぎりです。

良質なワインの生産は、そうしたワインの受容と消費に支えられてはじめて展開されます。外国人がもち込まず、自分たちで始めた日本のワイン生産の歴史では、ワイン受容とワイン消費の成熟を待ってはじめて「本格」ワイン、つまり「食卓ワイン」が認知され、消費され、評価されるようになったのです。

世界のワインの消費市場としての日本

日本のワインが日本的変容を被り滋養強壮用の甘味葡萄酒だった時代、その受容はあくまで国内に限られていました。しかし、世界のワインと同じ本格食卓ワインとなったいまの日本ワインの受容と消費は、それとはまったく異なるものです。いわば世界仕様なのです。日本野球や日本サッカーでない、世界に通用する野球やサッカーと同じです。

でも日本ワインの世界への輸出は限られていて、日本ワインの消費は相変わらず国内が主ではないか。もっと輸出すべきだ、という反論と危惧が聞こえてきそうです。

視点を変えてみましょう。日本ほど世界のあらゆる地域のワインが市場にあふれている国はありません。そのなかで日本ワインは、その特質と品質で一定のシェアを獲得しつつあります。

世界のワインが競合する日本という市場で日本ワインが評価され飲まれているということは、世界のワインと競合して、そのなかで一定の受容を確立しつつあるとはいえないでしょうか。

ディオンは、地元消費だけではワインの品質は向上しないと喝破しました。真実です。日本のワインは日本人だけに受容されているのではありません。世界市場としての日本で他の国や地域のワインと伍して地位を築きつつあるのです。

まだまだ品質のいい日本ワインの生産量は多くありません。まず、ワインの世界市場となった日本での受容を考えるべきでしょう。

こうして日本ワインの受容と消費が、世界に開かれたワイン市場である日本で進むなか、さらに、そうしたワインの消費者のなかからワインの生産者が生まれています。消費が生産につながり、生産がさらなる消費を生む、そんなプラスの循環が起こりつつあるのです。

このように広がりつつあるワインの受容と消費は、実は日本の食卓に深甚な影響を与えています。これを次章以下でみていきましょう。

第四章
美味しいワインは、飲食文化によって異なる

食べ方・飲み方がワインの味を規定する

ワイン好きがいいワイン生産者になる——これが前章で確認した日本におけるワインの品質向上の理由でした。ワインの受容と消費は、ワインの製造や生産としっかり連動しているのです。でも、どんなワインが好きかは個人によって異なります。

主食であるご飯やフランスパンを考えれば、日本人はおおむねモッチリした食感を好み、フランス人はおおむねサクッとした食感を好むことがわかります。つまり、個人の好みはその人が属する文化によって大きく規定されている、と考えたほうがいいでしょう。個人の好みの違いは、より大きい文化的な好みの偏差だと考えると、味覚上の嗜好の全体を構造的につかむことができます。

どういうワインが好きか、あるいはどんなタイプのワインが好きか、といった問いの背後には、ある時代のある社会に共通するワインへの嗜好があるのです。

日本でワインを造るなら、日本人のワイン嗜好がどのようなものであるかを、世界のなかでとらえておく必要があります。あるいは、消費者の立場でいえば、自分たちの嗜好の傾向を知ることは、適切なワイン選びにつながります。

嗜好を知るというのは、文化的な意味や価値づけを理解するということですから、本書の言葉でいえば広い意味での受容ということになります。一方、日本人に合ったワイン選びとは、消費です。ここでも、ワインを実際にぶどうから造る製造や、ワイン自体を流通を通して消費にゆだねる生産は、受容やそれにともなう消費に規定されているのです。

ワインの違いを生むのは、食べ方や飲み方の違いです。つまり、食事様式がワインの味を規定するのです。

わかりやすい事例として、ほぼ同じ品種を用いてワインを造っている隣接した地域、ドイツとフランスのアルザス地方の有名なリースリングを取りあげてみましょう。

ドイツはドライ（辛口）に仕立てても、果実味が鮮烈で、ある種の甘さが印象的です。ドイツではワインは糖度が増すほど高級という法的な規定があります。もっとも糖度の低いカビネットから、糖度の順に、ぶどうの実が完熟してから収穫する遅摘みによって自然な甘さが強調されたシュペトレーゼ、遅摘みでより糖度の増したアウスレーゼ、貴腐菌がついて水分が飛んだぶどうから造られることもあるベーレンアウスレーゼ、氷結したぶどうから造られるアイスヴァイン、おもに貴腐菌によって糖分が凝縮されたトロッケンベーレンアウスレーゼとなります。もちろん、最高級でもっとも値段が高いのはトロッケンベーレンアウスレーゼです。

北に位置するドイツでは日照が少なく、糖度をどう上げるかが、古代末期にドイツの一部でワイン造りが始まって以来いまに続くまで、上質なぶどう栽培の最大の課題だったことを物語っています。

一方、ライン川の西のアルザス地方には、ヴァンダンジュ・タルディヴ（シュペトレーゼに相当）という遅摘みによって糖度の上がった自然の甘味のあるリースリングワインもありますが、その飲用は限定的です。手間隙がかかるため高価ですが、かならずしも高級というわけではなく、甘さのないいわゆる辛口のグラン・クリュ（特級）の熟成したワインのほうが珍重されます。もちろん、糖度による等級付けもありません。

それは、フランスをはじめとするラテン・カトリック系のワイン産国では、徹底してワインは食事の一部であるという見方があるからです。ここから、何の料理にはしかじかのワインを合わせるという発想と慣行がでてきます。リースリングワインでも甘口ではなく、食事に合う「辛口」のものが求められるのは当然といわねばなりません。

長いワイン文化をもたない日本やアメリカなどでは、ワインと料理の相性は「蘊蓄（うんちく）」と思われがちです。しかし、ワイン文化のあるフランスやイタリアなどでは、こうした相性は毎日の食卓で学んでいく生活のノウハウです。それを「蘊蓄」ととらえてお勉強したり、面倒な知識と敬遠したりすることこそが、食卓で食中酒としてワインを飲用する文化がないことを示しています。

しかし、ビールが国民的アルコール飲料であるドイツでは、ビールもワインも酒として単独賞味が普通です。食べたあとに飲むということが多いようです。ドイツのビアホールでもつまみをたのんでいるのは主に日本人観光客で、地元の人はひたすらビールを酌み交わしています。ワインも単独消費のため、果実味が甘さとして残る味わいになります。いや、そういうふうに造るのです。この傾向は糖度の低いカビネットクラスのリースリングでも同じです。フランスのリースリングより果実の甘みがあり、わかりやすい意味でフルーティです。

要するに、同じ品種を用いてワインを造る隣接した二つの地域のワインの味の違いは、ワインをどういうふうに飲むか、食事中に飲むか、食事とは別に飲むかという、食べ方・飲み方の違いに由来しています。つまり、食事様式でワインの味は異なってくるのです。

食べる料理をいわないと、フランスではワインは買えない!?

フランスでワインを求めて「カーヴ」と呼ばれるワイン屋に行くと、最初の質問は「どんなワインをお求めですか」ではなく、多くの場合決まって「合わせる料理はなんですか」です。

私が二〇〇〇年四月から二〇〇一年三月まで研究休暇の際に暮らしたエクス・アン・プロヴァンスでのこと。ようやくマンションを借りて基本的な家具を購入して一段落したので、久しぶりに妻と自宅で料理をしようと、最寄りのカーヴに行きました。十二年ぶりの長期のフランス滞在です。昼だったので、簡単な料理を作ろうと漠然と考えて、カーヴの主人に「手頃な地元のロゼを一本ください」といいました。

南仏のロゼは日本にもってくると、さわやかな酸が落ちてオイリーになるのですが、地元で飲むと酸がきれいで、それが南のぶどう特有の厚みとマッチしてすこぶる美味しいのです。しかも、野菜や卵の料理、肉から魚まで、何でも気軽に合わせられて、安価なのも魅力です。

すると、例の質問「何に合わせるのですか」がまず飛んできました。不動産の契約や引っ越しで疲れていたのですが、この質問に、「あー、フランスに住んでいるんだ」と実感しました。

ここで四の五のいっても事態が混乱するだけなのは、以前のフランス生活でよくわかっています。「トマト入りオムレツです」と適当に応じると、では「このロゼなんかが合いますね」と地元の安いロゼを勧めてきました。すると、レジの横で編み物をしていた店主の御母堂（とあとで知ったのですが）が「それはさっきムッシューが注文したワインでしょう」とおもむろに言葉をはさみました。しかし、主人のほうは気にとめる様子もなく、私たちが買った一本五百円ほどのロゼを手慣れた手つきで薄紙に包みビニール袋に入れて渡してくれました。

こんなフランス人に日本酒を飲ませると、まっさきに「これは何に合うかな」と考えます。それほど、フランスではワインは食事の一部なのです。

食前酒に何を飲むか

アメリカやチリ、オーストラリアやニュージーランドなど、いわゆる新大陸のワインの特徴はパワフルさや濃厚さにあります。凝縮した果実味が明確で、それがいつまでも続きます。その意味で、わかりやすいともいえます。品種の特性が強調されているのも特徴です。

アメリカの映画やテレビドラマでは、よくワインだけを単独でふるまったり、飲んだりする場面が登場します。たまたまビル・ゲイツの豪華な別荘でのパーティをテレビで放送（もちろんワインとは別の文脈で）しているのをみました。出されていたワインは、モンラシェとリシュブールです。ともにブルゴーニュを代表する最高級の白ワインと赤ワインです。しかし、料理らしい料理は出されていません。ワインの飲み方として非常にアメリカ的です。

フランス的には「アペリティフ」、つまり食前酒です。日本的には「とりあえずのビール」というところでしょう。そこに、偉大な白ワインと、さらに偉大な赤ワインが出されているのです。しかも、たいした料理もなしに。

フランスでは、いろいろな意味でありえない光景です。ワイン好きのフランス人なら卒倒するかもしれません。なぜなら、ちゃんとした食事の前に単独で飲むときは、シックにいくならシャンパーニュ、普通は白ワインだからです。しかも、さほど高級でないものが飲まれます。

フランス人は仕事を終えたり、ひと区切りついたりすると、「さあ、プチ・ブランでもやるか」ときます。「プチ・ブラン」とは気のおけない「ちょっとした白ワイン」のことです。そこそこの白ワインをまずひっかけて、それから食事という段取りです。ただし、フランス人やイタリア人の場合、この食前酒が三十分から一時間続きます。しかも、オリーブやナッツをつまむことはあっても、それ以上のものは食べません。

フランスの田舎にはジットとかメゾン・ドットといった日本でいう民宿が数多くあって、家庭的な雰囲気のなかで家庭料理を楽しむことができます。夕食はほとんどの場合、大きなダイニングの大テーブルで他の宿泊者と一緒に談笑しつつ、いろいろな旅の情報を交換しながら食べることになります。

ただし、いきなり食卓につくことはなく、別のサロンやテラスでのアペリティフから始まります。白ワインや甘口の酒精強化ワインが出されるのが普通です。お酒が飲めない人のためには、ジュースやミネラルウォーターが用意されています。

一度、宿の主人に「アペリティフの時間はどのぐらいみているのですか」と尋ねてみました。「そうですね、だいたい一時間ぐらいですね」という答えでした。

フランスで暮らし始めた当初、この一時間に飲みすぎて、さらにたいしたつまみがないので、酔いが回って一層空腹になり、困ったものでした。そんなゆったりとした食事時間を演出するアペリティフ文化のあるフランスで、アペリティフに高級な白ワインが出ることは、シャンパーニュをのぞけばまずありえません。まして、赤ワインはまったく想定外です。

高級なワインや赤ワインは、それに合う料理があってはじめて意味をもつと思われているからです。高級なワインほど、洗練された料理を必要とすると、フランス人は考えます。

だから、ビル・ゲイツのように白ワインの最高峰のモンラシェと赤ワインで最高級のロマネ・コンティに次ぐリシュブールを同時に、たいした料理もなしに出すということは、垂涎(すいぜん)の光景というより、卒倒を誘うスキャンダルなのです。ここから間接的にアメリカをはじめとした新大陸のワインの濃厚な味わいの由来もみえてきます。

プロテスタントの国アメリカには、もともと食事中にアルコールを常飲する文化はありません。一九二〇年から三〇年代にかけて、禁酒法という途方もない法律を施行した国であることを思い出しましょう。禁酒が美徳でさえあるのです。食事とは別にバーボンを生でクイッと引っかけるのが伝統です。だから、ワインもハードリカーとして、パワフルで明快な濃厚さが求められるのでしょう。

ただし、嗜好の違う人にとっては、その美質がそのまま欠点となりえます。持続する明快な濃厚さは、濃すぎて飲み疲れするフラットさに思えるからです。繊細な料理と合わせるのはちょっと苦しいかもしれません。しかし、単独で飲んだ場合、白も赤もあでやかな濃縮された味わいは人を引きつけます。

ワイン通のイギリス人

もとは同じ民族で同じ言語を話し、宗教もプロテスタントを信仰する点で共通するイギリスは、少し違うワインの受容を示し、別の形でワインを消費します。

そもそも、アメリカは十九世紀に移民によるワイン用ぶどう栽培とワイン生産を行いながら、二十世紀初頭の禁酒法でワイン産業がほぼ壊滅したあと、二十世紀後半になってあらたに品質の高いワインを産するようになりました。対して、ヨーロッパの北西に位置するイギリスでは、寒冷な気候のためワイン造りは本国ではさほど盛んにならなかったものの、中世の数世紀間フランスの銘醸地ボルドーを領土としていたため、中世以来独自のワイン文化を育んできました。

たしかに、庶民階級の飲み物はビールであり、ジンやラムなどのハードリカーですが、上流階級の食卓ではワインも飲まれてきました。もちろんよくいわれるように、イギリスには、フランスやイタリアのような美食文化はありません。イギリス人は「羊を二度殺す」といわれます。まずは解体の際に、次いで料理の際に。イギリス人も自分たちに美食の伝統があるとは思ってはいないでしょう。そこに自分たちのアイデンティティを求めてはいないはずです。

世界の料理店がひしめく東京に、フランス料理店やイタリア料理店はごまんとあってもイギリス料理店というのはほとんどありません。この事実が雄弁に物語るように、イギリス人は料理を美味しくする才能はお隣のフランスに謙虚に譲っています。こうして上流階級ではフランス人の料理人を傭(やと)ったり、彼らが滞在する高級ホテルの厨房でフランス人のシェフに腕を振るわせたりということが、しばしば起こるのです。

しかし、ワインについては事情が異なります。中世以来、ボルドーの高級ワインの重要な顧客はイギリスの王族や裕福な市民でした。ボルドーワインが英語で「クラレット」といわれるのは、中世以来、ボルドーワインの顧客がイギリスの富裕層だったことを示しています。

現在シャトー・オ・ブリオンの名で知られるワインは、十七世紀後半にオーナーだったド・ポンタック家の当時の当主がいち早く排水設備を整えてワインの品質を上げて名声を獲得したことは、一章で述べた通りです。この品質を上げたワインが「ポンタックのワイン」としてボルドーのワインではじめて固有名で呼ばれて評判になったのも、十七世紀末のロンドンの居酒屋においてでした。

現在のオ・ブリオンが、タンニンを前面に出す濃厚さではなく、通受けするバランスのよさを特徴とするワインであることから推測すると、当時のポンタックのワインも同じような性格をそなえていたと考えられます。イギリス人はそうしたバランスのよいワインをちゃんと見分けて、好みます。

とくにアッパーミドル以上の教養ある階層の人々は、料理をフランス人に任せながら、それに合わせるワインの味覚は洗練されているのです。

発泡性の辛口シャンパーニュはイギリスで生まれた！

かつて行きつけの渋谷のワインバーでシャンパーニュをグラスで頼むと、非常にバランスがいいので、馴染みの店主に銘柄を問うと、イギリスのネゴシアン（卸売業者）がフランスでブレンドして瓶詰めしたものだとのこと。ワインに詳しい店主は、「イギリス系のネゴシアンの扱うシャンパーニュはバランスがいいからね」とさりげなく教えてくれました。

シャンパーニュの大手メーカーのひとつ、ポール・ロジェのヴィンテージ入り高級シャンパーニュに「キュヴェ・サー・ウィンストン・チャーチル」という銘柄があります。ポール・ロジェのシャンパーニュをこよなく愛したイギリスの首相にちなんで造られた特別仕込みの高級シャンパーニュです。チャーチルが好んだ「力強くフルボディで、しっかり熟成したシャンパーニュ」でありながら、バランスもいいのが特徴です。

そもそも、いまのような発泡性の辛口シャンパーニュはフランスではなく、イギリスで生まれました。発泡性のシャンパーニュは、オ・ヴィレール修道院の酒保係だったドン・ペリニョンが発明したと広く信じられていますが、これはまったくの俗説です。シャンパーニュのワインが発泡性に転換するのは十八世紀前半以降のことですが、ドン・ペリニョンはそれ以前に死去しているからです。

ドン・ペリニョンの本当の業績は、北に位置し、ぶどうが完熟しにくいシャンパーニュ地方で、ぶどうの熟成に敏感で、どこの区画のぶどうとどこの区画のぶどうを組み合わせればいいワインになるかを熟知し、シャンパーニュ特有の畑の異なるぶどうを合わせるブレンド技術を開発したことでした。ただ、当時すでに伝説化した人物だったようで、彼の死から五十年後に出された著作にはドン・ペリニョンをシャンパーニュ地方の有名な丘陵の名前であるとしているものもあるほどです。

むしろ、ドン・ペリニョン自身は一度醱酵が終わって瓶詰めしたあと、春になって瓶内で酵母が再活動して二回目の醱酵が始まり、桶でも樽でもない密閉された瓶内の醱酵であるため、醱酵で発生した二酸化炭素がワインに溶け込んで自然と発泡性になるのをなんとか避けようと工夫したらしいのです。というのも、発泡は下品なこと、悪趣味なこととされ、欠点とみなされていたからです。

この泡を最初に楽しみだしたのが、イギリス人でした。フランスでは、ちょうどこのころ長らく続いた太陽王ルイ十四世の治世が終わり、一七一五年にひ孫で五歳のルイ十五世が即位、オルレアン公フィリップが摂政となります。長らく続いた太陽王の重苦しい治世から解放されたフランスの人々は、摂政時代といわれるバブルで艶っぽい時代を迎えます。この雰囲気のなかで、イギリス発信の発泡性シャンパーニュの嗜好がフランスでも一気に花開いたのです。当時を生きた哲学者のヴォルテールは「不必要なものこそ欠かせない」とシャンパーニュワインの泡を讃えています。

さらに、シャンパーニュでは、基本的に最後にワインに砂糖を混入したリキュールを加え、味を調節します。ドザージュといわれる手法です。

当時のシャンパーニュは超甘口でした。とくに、甘味好きのロシア用は砂糖水といえるほどのドザージュでした。しかし、当初からイギリス向けはドザージュでの糖分がもっとも少なく設定されていました。というのも、十七世紀以来、ポルトガルから輸入されたポートワインで、甘いワインへの嗜好は満たされていたからです。むしろ、イギリス人は発泡性のシャンパーニュを食前酒や海産物に合わせる食中酒として飲みました。まさに、現代風の飲み方です。

南洋地方のサトウキビに頼っていたため貴重で高価だった甘味が、十九世紀中葉に寒い地域でも大量生産可能な甜菜糖（てんさいとう）の普及でだれにでも手の届くものになりました。結果、現代の日本のように甘いものへの希求が収まると、二十世紀初頭にはこの辛口嗜好は一気にフランスにも広まっていきます。

甘さで味を補う場合よりも、辛口にするほうがもとのワインの素性をごまかせません。そのためにはいいぶどうを使う必要があります。甘さを控えた現代風のシャンパーニュはシャンパーニュワインの品質を向上させる要因ともなりました。

結果として、発泡性も辛口嗜好も本国フランスではなく、イギリス発信だったことがわかります。しかし、それ以上に興味深いのは、この背景にも、ワインの食卓での飲み方が大きく関与しているということです。この事実は往々にして見過ごされがちなのですが。

日本のワインバーの日本風度合い

では、日本ではワインはどう受容され、どのように消費されているのでしょうか。

現在、ワインの定着に呼応してワインバーやワインバルが増えています。フランスにもバーラヴァン（bar à vin）と呼ばれるワインバーがあります。

ただし、フランスのバーラヴァンは日本のワインバーとは異なっています。日本のワインバーは、ワインが主体で小皿料理でワインを楽しみます。居酒屋風にいくつもの料理を頼んでみんなでシェアすることも当たり前です。

このノリでフランスのバーラヴァンに行くと、しっかりした料理がそれなりの量で出てきて面喰らいます。メニューを見ると、おおむね現在のフランスの食事の基本形である、アントレ

（前菜）、プラ（メイン）、デセール（デザート）の三品構成が守られています。日本風にいえばコース料理が食べられるようになっているのが普通です。まるでレストランではないか、と思われるでしょう。

しかし、あくまで主役はワインです。多様な高品質のワインがセレクトされた充実したワインリストがあり、それらの多くがグラスで飲めます。ワインが大きな比重を占めているのです。レストランでは、たとえそれが気軽なビストロであっても、料理を決めてからワインを頼みます。バーラヴァンでは、飲みたいワインを決めてから、それに合う料理を選ぶことができます。料理が先か、ワインが先か、そこが違うのです。料理もおおむねワインに合わせたものになっています。合うワインが容易にみつかるような料理だといえばわかりやすいでしょうか。

よくフランスでは、熟成した高級ワインを味わいたいときは、例外的に先にワインを決めて、それに合う料理を頼むべきだといわれます。バーラヴァンはそれをあらかじめ想定した飲食空間なのです。

最近は、スペインのタパス文化（ワインを飲みながらちょっとした料理をつまむ文化）を発展させて、洗練されたコース料理にして世界に発信したスペインの「エルブリ」（すでに閉店）をはじめとする少量多品目のコース料理を出す店も増え、バーラヴァンにもその影響を受けた店があるので、少し違いがみえにくくなっている部分もあります。しかし、基本的に日本のワインバーとフランスのバーラヴァンでは、食べ方・飲み方が異なっています。

その証拠に、日本では当たり前のシェアは、フランスのバーラヴァンではみかけることはありません。もちろん、レストランやビストロでもありません。各人が自分の好みで頼んだ料理をひたすら食べています。日本人にはなんだか窮屈な食べ方に映りますが、フランス人には当たり前。それが美味しいのです。言い換えれば、フランス人は少しずついろいろ食べるという習慣をもっていないのです。

日本に来て懐石（会席）料理を食べたフランス人から、多彩な味つけの料理が次々と出てきて、じっくり味わえないという苦言を一度ならず聞きました。次々に出される多様な味が混じり合って個々の料理の味の印象が薄れてしまうと感じるのです。

ここには日本人が当たり前に行う口中調味も関係しています。日本人はおかずを口に入れて、そのおかずが口のなかにあるうちにご飯を入れて食べることがごく自然にできます。口のなかで調味をしているのです。ご飯との相性のいい料理が好まれるゆえんです。味を調和と融合でとらえるのです。結果として各料理のグラディエーションを味わう文化が生まれます。

しかし、フランス人をはじめとする西洋人にはこの口中調味ができません。そばやうどんなどの麵類を音を立てて食べられないのと同じです。これは、そういうふうに食べてこなかったという習慣の問題です。逆にフランス料理の一皿は、それをすべて味わってこそ、完結するように作られています。そこに料理のシェアは想定されていません。

口中調味はありえないので、料理が口にあるうちにワインを飲むこともありません。ワインとは、料理の味覚的余韻と適合しつつ、その味を切るという役割ももっているのです。軽くなったとはいえ、基本的に脂と塩味のきいたフランス料理はワインがないと、キツいのはそのためです。フランスでもっとも手軽なパテやハム・ソーセージ類を考えれば納得できます。塩味と脂を酸味のあるワインが洗い流してくれるのです。

バランスのいいワインがフランスで好まれるのも、こうした料理があるからにほかなりません。アメリカでパワフルな果実味が好まれるのと好対照です。

一皿一皿で完結するフランス料理では、アントレも、プラも、さらにデセールも、れっきとした一品の料理です。ここ十年、味も量もライトになったとはいえ（エルブリ風の料理はその極致ですが）、最初のアントレでお腹がいっぱいになったという人もいまだに多いのではないでしょうか。食べ方は食べる人の味覚をも形成します。食べ慣れた食べ方でないと、同じものを食べても美味しいとはなかなか思えないものなのです。

飲食の二面性

とはいえ、日本に来た若いフランス人に居酒屋が結構人気です。フランスではありえない多様な料理の同時少量賞味が彼らにはめずらしく、それが好奇心旺盛な若い世代に新たな魅力と映るからでしょう。人は、ときに異なる新たな味覚の世界に魅了されます。

飲食は保守的・革新的の両面をもっています。人類が熱帯地域から極寒地域まで地球上のあらゆる地域に棲息しているのは、その土地のものを植物でも動物でも、とにかく食べられるものをすべて食べてきた逞しい雑食性のためです。コアラやパンダのように、ユーカリや笹の葉だけを食べていては、人類の現在の繁栄はなかったでしょう。

しかし、狩猟採集の移動生活から、ある場所に定住して農耕を営み始める段階になると、もともと土地にあった植物からもっとも食料として適性のあるものを選択して、自分たちの味覚に合うように改良し、それを食べ続ける食生活を送るようになります。こうしてある特定の農産物への嗜好が生まれます。

同じものを食べ続けるという行為の繰り返しが、飲食の嗜好を形作るのです。米が好きとか、パンが好きとかいうと、あたかもそのものが問題であるかのように思いがちですが、実はそれらを繰り返し食べる飲食慣行こそ嗜好の要因にほかなりません。しかも、「このご飯、モチッとして美味しいよね」とか、「このパンはパリッとして旨いね」などと、飲食行為のたびごとに価値判断が日常的に刷り込まれていくのですから、自覚されない教育効果は絶大です。

だから、ある飲食生活に長年親しんだ、年配のフランス人の友人たちが、日本食に戸惑いと違和感を示す一方で、若者たちはおおむね日本食と日本の食べ方に面白さを見いだすのです。

飲み方の違い

日本の伝統料理は、昔から外国人にオードヴルの連続だといわれてきました。これは肉を欠いているためというより、少量多品目の料理を食べるという日本の食べ方が、他の多くの外国の食べ方と根本的に異なっていることから生じた違和感です。そして、そうした食べ方から生じた味覚の差でもあるのです。

日本のワインバーでは、ワインを主体に小皿料理が食されます。ワインの味をさまざまな料理が引き立てるのです。一方、バーラヴァンでは、ワインが中心とはいえ、ちゃんとした料理が出され、その料理とワインのハーモニーが問題になります。

要するに、日本ではワインを飲む際に、とくにワインバーでいいワインを飲む際には、ワインがメインになる傾向が強いのです。ワインを主軸にしたワインバーに日本人は親近感を抱きます。しかも、バーラヴァンとは異なって、料理のシェアさえ許されるとなれば、日本的な飲み方・食べ方にぴったりです。日本でワインバーが流行るのは当然だといえます。

こうしたワインの飲み方は、実は伝統的な日本酒の飲み方に類似しています。日本酒を飲むときは、いくつものつまみを肴に、日本酒を味わうからです。メインはあくまで日本酒であり、その味を引き立てるためのいくつもの少量の肴があるのです。『万葉集』に「酒を讃(ほ)むる歌十三首」を遺した酒好きの歌人、大伴旅人はたいした肴もなく、ひたすら酒を飲んでいます。日本人はそうした飲み方と食べ方をはるか昔から続けてきました。

そう考えると、ワインの飲み方が日本酒の飲み方に似ているというより、日本酒のようにワインを飲んでいるといったほうが適切だということがわかります。ワインは、その飲み方やそれにともなう食べ方において、いつしか日本酒的なものになっているのです。それを示すのが日本のワインバーの独自な在り方と隆盛です。

アメリカやイギリスの食事様式のなかにワインの飲用が取り込まれたように、日本の食事様式、飲酒様式に取り込まれたワインは、知らないうちに日本酒化していたのです。

ワイン単体派と、ワイン＋料理派

ワインの本場ともいうべきフランスでは食事の一部として料理に合うワインが好まれ、ワイン新興国のアメリカでは単体で味わって美味しい濃厚なワインが評価されるとすれば、日本ではどういうワインが好まれるのでしょう。

答えは単純ではありません。そもそも日本酒と同じように、ワインはそれ自体が味わわれる傾向にあるだけでなく、これまた日本酒と同じように、ワインは往々にしておつまみ的な料理とともに賞味されるからです。前者はワインを単体として味わうアメリカ的傾向であり、後者は日本料理の洗練を考えると、フランス的傾向とみなすことができます。

さらに、日本ではフレンチやイタリアンでも、料理との相性より、自分のワインの好みを優先する人がかなりいるようです。長年フレンチレストランで働くある女性によると、客に「この料理には合いませんが」といっても、「濃い赤ワインが好みだから出してくれ」と好みのワインを所望する人も多いとか。これは酒中心の飲み方です。ハードリカー的にワインを飲むアメリカ的な飲み方に日本的なおつまみとしての料理がともなわれていて、そこがとても日本的です。

ワインをアルコール飲料という意味で酒ととらえる人は、ワインに強さや濃さを求めて、新大陸のワインを好むでしょう。ワインを食卓の酒と考える人は、比較的バランスのいいワインを求めるはずです。もちろん、これはあえて区分した結果であり、すべての人がかならずどちらかに分類されるわけではありません。同じ人があるときはワインを単体かそれに近い形で飲み、別の機会には食中酒として味わうことも大いにありえるからです。

いいや、ありえるどころか、事実として多くの人が双方の飲み方を実践しています。ワインバーに行けば、ワインの比重が増加し、ワイン単体に近い消費形態になるし、フレンチレストランやイタリアンレストランに行けば、当然ながら料理中心となり、ワインは料理に合わせて食中酒となるからです。

日本人のおつまみ好き

こうした二つの飲み方の混在と共存があるのは確実です。しかし、やはりひたすらワインを飲むという飲み方は、日本では例外でしょう。なぜなら、たとえお腹がいっぱいでも、どうしてもちょっとしたおつまみがほしくなるからです。

しかも、もともと日本酒に合う小皿料理が工夫されてきた日本では、そうした小料理が多彩で多様、ワインに合う料理を手早く作ることなどお手のもの、お家芸といってもいい得意技です。この器用さもワインに合う料理を売りにするワインバーが流行する大きな理由です。どうしても一人で大量の肉のかたまりを食べないと食事をした気がしない西洋では、こうした器用な小料理は発展することがあまりありませんでした。

フランスでもワインに気を遣っている店は料理も旨いことが多いようです。私は庶民的なビストロでは、かならずハウスワインや一番安価なワインを頼むことにしています。そこに気を遣っていれば、料理も信用できます。でも、これはきっと逆で、料理に気を遣っているから、それに合わせてハウスワインにも配慮しているのでしょう。すでにみたように、ワインは食事の一部であっても、主体は肉を中心とした料理ですから。

ただ、日本では、ワインに気を遣っている店は料理も旨いといえそうです。とくに、ワイン中心のワインバーはそうです。いい居酒屋が日本酒にこだわって美味しい肴を出すように、ワインに気配りのあるワインバーでは、おおむね料理もワインの味を邪魔せず、引き立てるように調理してあるからです。

ヨーロッパで日本に近い小料理が発展した例外がスペインのタパスと、イタリアのビストロともいうべきトラットリアでみつくろうことのできる一連のアンティパストです。ただし、これらは食事の一部にすぎません。タパスは食前のアペリティフのときの小皿料理であり、アンティパストは文字通り、次に食べるパスタ料理の前の一品です。しかし、こうした小皿料理をたくさん食べることを食事様式としている日本人には、これらは非常に魅力的な「食事」に映ります。しばしば、タパスでお腹いっぱい、アンティパストとパスタだけで十分ということになります。西洋人にとっては欠かせないメインディッシュをとらずに。

日本人のおつまみ好きは、ビールが大衆化していくうえでも大きな役割をはたしました。ビアホールに多彩なつまみがあるのは、当たり前だとお思いでしょうが、これも日本独自の飲食文化です。

一八九九（明治三十二）年、新橋に東京初のビアホールができたあと、明治後期から大正にかけてあちこちにできたビアホールは、多くがビール会社の直営で、比較的安価な値段でジョッキ入りビールを提供したため、多様な階層の人々に人気となり、ビールを一気に大衆化していく原動力のひとつとなりました。

明治初期にはじめて外国人の多い横浜で開業したビアホールは、ドイツのビアホールやイギリスのパブと同じくもっぱらビールだけを楽しむ空間でした。もともと、西欧のビアホールでは、つまみはほとんどありません。客がつまみを求めないからです。しかし、日本で開店したビアホールでは事情は異なりました。

東京にはじめて開店したビアホールの賑わいを伝える明治三十二年九月四日付けの『中央新聞』の記事によると、日本人向けに、「赤い大根」（ラディッシュ）を出すドイツのビアホールにならってスライスした大根を出したが、お客には不興でした。その後、「蕗（ふき）、海老の佃煮」

を提供し、客には受けていたようですが、これは「不体裁」という理由でともに店側が「全然廃す」ことにしたそうです。佃煮は居酒屋の酒の肴で、西洋的なハイカラさが売りのビアホールにはふさわしくないと判断されたからでしょう。

記事には、「西洋のビーアホールなどでは、大抵何も食べ無いで只だビールを飲むばかり」だが、「併し日本人には、何もなしに飲むといふ事は、旨味の三分を剝がれる恐れがある」と書かれています。日本人のおつまみ好きを見抜いた指摘です。ただ、「何か日本的に、果実か菓子を売る事にしたらば良からう」と提言しているのは、いまからするとちょっと腑に落ちません。なぜビールに「果実か菓子」なのでしょうか。おそらく、三章でみたように、これも果実や甘みが「滋養」と思われていた時代の感性なのでしょう。

このあと多くのビアホールでは、フライやポテトなどの西洋料理を日本化した料理がつまみとして出されるようになっていきます。おつまみのないアルコール摂取は、記事が断言するように、日本人にとって「旨味の三分を剝がれる」飲み方なのです。西洋料理をおつまみとして出すことで、ビアホールとビールは日本に定着していきます。

適切なおつまみなくして、日本でのアルコール飲料の定着はまず望めないのです。

日本風の食べ方・飲み方に寄り添う日本ワイン

日本の普段の食事では、主菜と、ときに複数の副菜が同時に食卓にのぼり、それらがご飯や汁ものとともに同時に食されます。いわゆる一汁三菜です。菜の部分は多様に変化します。かつては野菜の煮付けや焼き魚でした。しかし、明治以降西洋料理が浸透し、大正になって中華料理店が展開すると、洋食や中華料理が日本の食卓に並ぶようになります。この傾向は、第二次世界大戦後、とくに一九五〇年代から一九七〇年代まで続く高度経済成長によって加速しました。

和洋中の料理が、同じ食卓におかずとして並ぶ風景は、日本の家庭のごくありふれた風景です。妻が家で使っている家庭料理のレシピを載せた料理本をみても、和洋中の料理が並んでいて、そこにはアジア系のエスニック料理や韓国風の料理も登場しています。

家庭の食卓で、これほど多様な地域の料理が日常的に食されることは、フランスではありません。ときどきフランスで講義や講演を依頼されると、私は、こうしたレシピ本のいくつかのページを示して、日本の日常の食卓の多様性を説明するところから始めます。日本の食卓の多彩な姿にフランス人が驚きの表情を浮かべるのは毎度のことです。

もちろんこうした多様な料理の取り込みも、日本的な一汁三菜的な食べ方・飲み方、言い換えれば料理というハードではない飲食ソフトの枠組みのなかで可能となり、行われています。つまり、ご飯と味噌汁を中心とした食事様式です。しかも、重要な点は、フランスのように料理が一品ずつ出されるのではなく、普段の食事では多様なおかずが同時に食卓に並び、ご飯と味噌汁とともに同時に食されていくことです。

こうした多様な料理の同時摂取という日本的な食べ方に、どういうワインが合うでしょうか。料理が時系列に出されるフランスなら、一皿一皿ずつそれらの料理にふさわしいワインを合わせることも可能です。しかし、普段の食事では主菜と副菜というように、複数の料理が同時に食卓に並び、適宜つまんでいく日本の飲食ソフト（慣習）では、一皿一皿にワインを合わせることはあまり現実味がありません。冷や奴にはソーヴィニヨンやミュスカデの軽い白、とんかつには厚みがあって果実味もあるメルローのワイン、野菜の煮付けにはガメイの軽い赤、そんなことをしたら、毎回たくさんのワインを開けなければなりません。

とすれば、こうした食べ方に合うワインは、どんな料理にもそれなりに合ってくれるバランスのいいワインとなるのではないでしょうか。少なくとも日本で食卓酒としてワインを考えるなら、ワイン自体が強烈に個性を主張するのではなく、多様な料理に寄り添うワイン、しとやかであってもちゃんと味わいのあるワインになるのが自然です。

日本の普段の食卓に並ぶ料理は、和洋中にエスニックが加わっても、本場のものに比べれば日本人の口に合うように、香辛料や香草が控えめであることが多いでしょう。そもそも昆布や鰹節の出汁を基本とした日本料理自体、強烈なコントラストを基本とするフランス料理とは異なり、微妙なグラディエーションを楽しむ料理です。だから、本来、バランスのよい料理に寄り添うワインが食卓のワインとして適切だというのももっともな話です。

そんなバランスのよさこそ、実は日本ワインの大きな特質です。ワインを日本の食卓で飲む場合、日本ワインがまさに日本の食べ方にうまく合ってくれるのです。もちろん、かつてのように甘口でもなく、輸入果汁から造られたワインでもなく、丁寧に栽培された日本のぶどうから造られた本当の意味での日本ワインという条件はつきますが。

いまのフランス風食べ方は十九世紀のロシア発信！

グラディエーションを軸とする日本料理に対して、コントラストを基本とするのが、フランス料理です。その味のコントラストがはっきりした一皿一皿に適切なワインを合わせるのがフランスの食べ方であり飲み方です。軽めのアントレ、重いソースのあるプラ、塩辛いチーズ、甘いデセールのそれぞれが味の個性を主張し、前の味と異なる味の対比を演出します。

このような食べ方がワインとの相性という考え方の基盤にあります。フランス式の時系列に展開する食べ方なら、アントレにはこのワイン、プラにはこのワイン、さらにデセールにさえ甘口のデザートワインを合わせることが可能です。とはいえ、現在のフランスの飲食ソフトでは金科玉条のようにいわれている食卓での料理とワインの相性も、十九世紀に始まったものにすぎません。それ以前は日本の食卓のように多くの料理が一度に出されていました。王侯貴族の大宴会では、豪華な料理が食卓に所狭しと並ぶ視覚的な豪華さが、富と権威の象徴として重視されていたのです。

しかし、寒い北国のロシアでは十八世紀から宮廷や上流階級の家庭では、料理を一皿ずつ出すようになっていました。とくにスープやローストのような温かいものが冷めてしまうからです。これが十九世紀の中葉以降、在仏ロシア大使の宴会を発信源にしてフランスに広まります。

ロシアで王侯の料理長として活躍したフランスの料理人ユルバン・デュボワ（一八一八～一九〇一年）もこうした温かいものを温かいうちにサービスして食べるロシア式の給仕法を広めた一人です。このロシア式食べ方のほうが、調理したての料理を美味しい状態で食べられると考えたからです。

まず、上流階級に広まった、時系列に一品ずつ料理を給仕するロシア式サービスは、十九世紀後半には庶民の間にも広まります。パリの労働者階級をはじめて描いて話題になったエミール・ゾラの小説『居酒屋』（一八七七年）には、庶民が誕生日の宴会で複数の料理を時系列で堪能する場面が描かれています。

料理史では、いまではフランス固有と思われている順番に給仕するサービスを歴史的経緯からロシア式給仕法といい、それまでの一度に多様な料理が提供されていたサービスをフランス式給仕法と呼んでいます。私たちがフランス料理というと、思い浮かべる料理を順番に食べる食べ方はロシア起源で、しかもたかだか百五十年前からの伝統にすぎないのです。

この食べ方の変換は、味覚にも大きな影響を与えました。この点は、フランスで飲食の社会学を推進するジャン＝ピエール・プーランも認めています。食事において視覚的豪華さではなく、本来の意味での味覚が重視されるようになったのです。その結果、食卓でのワインの比重が増加しました。それまで多様な料理が並び同時に摂取されるフランス式給仕法では、ワインもたくさんの種類が同時に提供され、各人が適当にそれらを飲んでいました。しかし、給仕側でも食べ手側でも、料理が一品一品順番に提供されるようになって、料理とワインとの相性が強く意識されるようになったのです。

『三銃士』や『モンテ・クリスト伯』といった長編歴史小説を書きまくった十九世紀のベストセラー作家アレクサンドル・デュマは大食で知られたグルメで、多大な印税で引退生活を送った晩年に『大料理事典』の執筆に没頭し、岩波書店から抄訳が刊行されています（『デュマの大料理事典』）。デュマはまさに食べ方・飲み方がロシア式に変わりつつあった時代を生きた文学者で、「ワインとは、食事の知的な部分である。肉類は、物質的な部分でしかありえない」と述べています。

ロシア式給仕法の普及で順番に食べる食べ方が普及し、ワインの重要性が高まったことをデュマの言葉はよく表しています。

二〇一〇年にそのフランス料理がユネスコの無形文化遺産に登録されました。私たちは、フランス料理が世界遺産になったと思いがちですが、それはちょっと不正確です。

登録の正式名称は「フランス人の美食術による食事」です。大食でなければ美食家となりえない、本場のフランス料理の量の多さを長年にわたって身にしみて経験してきた身には、美食術なんて生ぬるい、フランス人の食いしん坊術だと思ってしまいますが、それはさておき、ここでは「術」となっていることがポイントです。そう、アントレ、プラ、デセールの三品構成による食事の仕方が無形文化遺産として登録されたのです。それぞれの料理には適切なワインを合わせるので、まさに食べ方・飲み方の文化性が世界遺産として評価されたと考えられます。こうした食べ方・飲み方がいかに重要であるか。あえていえば食べ方・飲み方が料理や飲料の性格や嗜好を決定するとさえいえるでしょう。

二〇一三年には、「和食　日本人の伝統的な食文化」がユネスコ無形文化遺産になりました。ここでも日本料理が世界遺産になったのではなく、「自然を尊ぶ」という日本人の気質にもとづいた「食」に関する「習わし」、つまり飲食のソフトの部分が評価されたのです。ご飯を中心にした、いわゆる一汁三菜の和風の食事の文化性が認められたといえるでしょう。

飲食というと、すぐに料理やワインといったハードに目がいきますが、食べ方・飲み方という飲食のソフトの部分が実は重要です。ソフトがハードを規定し、さらに味覚を導くのです。各国で異なるワインの味わいが、飲食のソフトによって大きく規定されているように。

洗練されたフランス料理に合うやさしい日本ワイン

三十年来、フランスを定期的に訪れてフランス料理を食べてきた身からいうと、本場のフランス料理も質量ともに軽くなったと実感します。

なんだか昔のあの濃厚なソースに浸った大きな肉のかたまりを、しっかりした味つけの量の多い付け合わせとともに、それこそ喉口まで詰め込んだ時代が懐かしくなるほどです。味つけも今よりもずっと塩辛く、フランス料理はワインがないととても食べきることができないとつくづく感じたものでした。

それが、パリだけでなく、田舎でも、おおむねライトになったのです。そんな傾向に合わせて、パリを中心に日本人シェフが『ミシュラン』で星を獲得している事例も増えています。二〇〇八年版以降刊行されている『ミシュランガイド東京』でも、数多くのフレンチレストランが星を獲得していて、その多くはもちろん日本人シェフのお店です。

洗練された現代フランス料理の流れのなかで、もともと洗練された料理伝統をもち、長く肉食を欠いたために野菜や魚料理を素材の味を生かして調理してきた日本の料理人がフランスでも評価されるのは、当然といえるでしょう。そうした洗練された料理には、ワインも基本的にバランスのよい酸味と果実味のあるものがよく合います。

すでに一九七〇年代にヌーヴェル・キュイジーヌが一世を風靡したとき、ワインの嗜好もそれに合わせて軽やかなものが注目され始めます。ヌーヴェル・キュイジーヌは、エスコフィエが完成した濃厚なソース主体の料理から、旬の素材を生かした「市場の料理」をめざしました。

これにともなって、カベルネ主体で厚みのあるメドックのワインより、柔らかい厚みを特徴とするメルロー主体のポムロルの赤ワインが評価されるようになります。ポムロルのシャトー・ペトリュスがにわかに注目され、値段が急上昇したのもこの時代からです。

白ワインでは、ソーヴィニョン・ブランから造られたロワール川中上流のさわやかなサンセールやプイィ・フュメが洗練された料理とよく合うワインとして人気が出て、シャルドネでも厚みが特徴でビストロ料理の定番だったマコンではなく、酸味のあるサン・ヴェランが手頃な価格で軽めの料理にマッチするワインとしてもてはやされました。素材を生かして調理される日本人のフランス料理は、さらにこうしたワインの洗練嗜好を促進しています。

日本のぶどうで作られる日本ワインは、フランスの品種を用いても、フランスよりも軽やかで繊細なものになります。ブルゴーニュ品種のシャルドネやピノ・ノワールは、日本で栽培しワインに仕込むと、華やかさよりも繊細さに特徴のある、しとやかでやさしいワインになります。本来なら渋味と厚みを特徴とするボルドー品種のメルローやカベルネも、おおむね繊細な果実味をそなえています。日本ワインには、全体に楚々とした趣があり、柔和な印象です。新大陸のワインのような華やかさや濃厚さに比べれば、薄くて酸っぱいということになるかもしれません。しかし、それは軽やかな優しさという独自な個性と考えるべきでしょう。

そんな日本ワインは、うまく使えば、全体に軽やかになりつつあるフランス料理に抜群の相性を示します。とくに、日本のフランス料理にはよく合います。

フランスには「土地の料理には土地のワイン」という原則があります。スローフード運動で広まった「地産地消」に近い考え方です。土地の飲食文化がひとつの調和した世界を形作っているという事実を、フランスではかねてより「土地の料理には土地のワイン」と表現してきました。この考え方に立てば、日本のフランス料理には日本ワインというのは、まったく正当なものだとわかります。

料理に寄り添う日本ワイン

昆布や鰹節で引いた出汁を基調にした伝統的な和食は、日本人が作るフランス料理やイタリア料理よりも、味つけの面でも、素材の使い方の面でも、さらに繊細で洗練されています。

その和食は、いまではパリやニューヨークをはじめ、世界中で人気を博しています。四季の素材の特質を出汁を使って引きだす和食は、本来、繊細で軽やかなものです。いま世界で健康志向の人々に日本食が支持されているのはそのためです。そんな和食にも、やさしい日本ワインは寄り添うことができます。「土地の料理には土地のワイン」という諺を文字通り日本に当てはめれば、「和食には日本ワイン」ということになります。いや、和の食べ方には日本ワインが合うといったほうがいいでしょう。

幸いなことに、日本独自品種である甲州種は、ＤＮＡ解析でヴィニフェラ系のワイン用品種だとわかりました。ヨーロッパからシルクロードを通って中国まで到達し、中国から日本に伝わったといわれています。しかし、すでに同じ品種はアジアにはなく、日本だけで栽培されています。甲州種から造られるワインは、非常にしとやかで、悪くいうと特徴がないといえます。しかし、メルシャンや中央葡萄酒などのワインメーカーの努力で、しとやかさのなかにも柑橘系の風味のある、辛口で品質のいいワインが造られています。

アメリカの有名なワイン評論家ロバート・パーカーは、甲州種のワインを「すしに合うワイン」と評しています。生の海産物に酢飯を合わせた繊細なすしに、香りの高いワインや濃厚なワインは合いません。まさに、日本ワインが、なかでもしとやかさを特徴とする甲州種の白ワインが、寄り添うようにして、すしの繊細さを引き立てるのです。

しかも、すしの醍醐味はさまざまなネタを握ってもらうことにあります。日本の普段の食事で、主菜と、ときに複数の副菜が同時に食卓に上り、それらがご飯や汁ものとともに同時に食されるのと同じです。一口大の酢飯に新鮮な魚介を合わせたすしは、多品目志向の日本人の味覚を象徴する食べ方といえます。日本人がすし好きなのもうなずけます。

異なるネタのすしそれぞれに合うワインはあるでしょう。ただし、それを実際に毎回実行することは事実上不可能です。たしかに、サーモンだけの握りのセットが人気のフランスやアメリカでは、それに合うワインをみつけることは可能でしょう。しかし、すしの醍醐味を繊細な味の多様性に求める日本では個別のすしに合うワインを選ぶことは現実的ではありません。

パーカーが甲州種のワインを推奨するのは、全体に繊細な味わいのすしに、目立つことなく、しかししっかりと寄り添ってくれるからでしょう。

すしについていえることは、和食全体にも当てはまります。出される料理のどれをも邪魔しない、おとなしい日本ワインがそのおとなしさゆえに、どの料理にもそれなりに寄り添ってくれるのです。

日本ワインの受容の可能性

これまでみてきたように、どういうワインが美味しいか、どういうワインが美味しいワインとして造られ評価されるかは、それぞれの国や地域の食事様式、つまり飲食文化によって異なります。つまり、ハード（モノ）自体より、そのモノをどう扱うかという目にみえず身体に刷り込まれたソフト（慣習）のほうが重要なのです。そして、飲料自体の嗜好も、食べ方・飲み方という身体化されたソフトによって大きく決まっています。

世界的にみて料理は全般に軽やかになる傾向にあります。健康志向が濃厚な脂肪分や極度な甘味を忌避させ、肉や乳製品よりも、魚や野菜が食材として注目されています。

フランスや日本でも、土地の新鮮な野菜や有機野菜を使った料理を売りにするレストランが増えています。すでに十五年前に、フランスの多くの星つき高級レストランで、肉も魚もない野菜だけのコースを何度か味わいました。野菜だけの料理となれば、素材の旨さや特質を引きだすような調理をせざるをえません。必然的に軽やかで繊細なものになります。そして、健康的なものにも。

こうした世界的な嗜好のなかで、日本ワインが日本だけでなく、世界規模で受容される可能性は、思いのほか大きいといえるでしょう。

ここまで少し回り道をしながら、日本の食事様式のなかで、ワインの飲み方とそれにまつわる食べ方が、知らず知らずのうちに、いかに日本化しているかということをみてきました。食材や料理というハードの違いはみたらわかるので理解しやすいのですが、食べ方・飲み方という、いってみれば飲食のソフトの部分、長年ある行動を繰り返すことでコンピュータのソフトのように私たちの内部に刷り込まれた行動図式は、当たり前のため意外と気づかないものです。

　しかし、実はワインが日本酒化している以上に、日本酒はワイン化しています。ワインの飲用は、自らが日本の食卓において変容を被っている以上に、日本の飲食を深いところで変化させているのです。次章では、この章で検討したのとは逆の方向の変化を考えてみましょう。

第五章 ワインが日本人の飲食を変えた

ワインをどう飲む？

自宅ではワインをどういうふうに飲みますか。ウイスキーやブランデーのように、ワインを単独で飲むということはまずないのではないでしょうか。食事のときに、料理と一緒に飲むという人が多数派でしょう。それが、たとえばシンプルにハムやチーズであったとしても。

でも、どういうワインをどういう料理と組み合わせて飲んでいるでしょうか。さほど気にしないという人もいれば、ある程度気にする人、かなりこだわりのある人もいるでしょう。ただ、ワインのほうに、白、赤、ロゼという色の違いやスティルワイン（非発泡性ワイン）かスパークリングかというように、ビールや焼酎とは比較にならない多様性があるので、他の酒の場合よりは、ワインと料理との組み合わせを意識するのではないでしょうか。

たとえば、ワイン売り場では味わいやボディの軽重を示す簡単なコメントがあり、どういう料理に合うかも例示されています。ここ十年来、一般化している現象です。ワイン売り場の担当者も、ワイン関連の資格をもっている人が増え、フランスのように開口一番「どういう料理に合わせますか」と質問されることはなくても、「このワインは何に合いますか」と尋ねれば、いい、いい、それなりに適切に教えてくれます。

コンビニのワインコーナーでさえ、どの店も以前では考えられない充実ぶりで、千円台、さらには千円以下で何種類ものワインが並んでいます。コンビニでもワインの品種や味わいが表示され、合う料理が例示されていることもあります。

ワインは料理に合わせて飲むというワイン文化は日本で日常レベルで発信され、受容されつつあるのです。

日本の出汁料理に合うジュラのワイン

「それなりに」とただし書きをつけたのは、フランスのように自国の料理とワインの相性に関するノウハウを長い伝統のなかで培ってきた国と違い、日本的な料理とワインとの相性はまだ試行錯誤の段階にあるように思われるからです。先日も、ほんのり甘さの残る甲州種の日本ワインを「イワナの塩焼きに合う」と勧められ買ったのですが、その甘さが繊細な塩焼きを損なうように感じられました。

よく伝統的な和食にアルザスのリースリングが合うといわれますが、リースリングの甘酸っぱさと高級になればなるほどそなわってくる高い香りと厚みが、繊細でありつつ、しっかりとした出汁を基調に素材の味が引きだされた和食といい相性を示すとは、私には思えません。

では、何が合うのでしょうか。まず多くの人が気づいているように、繊細かつ深みのあるシャンパーニュです。日本料理の繊細で深みのある味わいを壊すことがありません。スティルワインでは、なんといっても日本ではあまり注目されないジュラのワインです（ただし、ヴァン・ジョーヌは強すぎます）。地元品種のサヴァニャンの白でも、シャルドネの白でもかまいません。凝縮した繊細な酸の味わいが、しっかりと出汁をとって作られた品のいい和食と相互に引き立てあって抜群の効果を発揮します。料理を邪魔しないというレベルではなく、相乗効果があるのです。この相乗効果こそ、「料理とワインの相性」が本来めざすものです。

この組み合わせは、京都で十年修業した三十代の伸び盛りの才能豊かな料理人が営むカウンター主体の京懐石料理店でお墨付きをもらっています。「これまで白も赤も結構いいものを飲んできましたけど、出汁の効いた和食に合うこんな味わいのワインがあるんですね」とその料理人は評しました。長年、伝統的な和食にはジュラのワインと主張してきた自説が、やっと腕のいい料理人の賛同を得てうれしくなりました。

いま和食の世界でもワインがブームです。日本料理店に高級ワインがあることはもはやめずらしくありません。では、なぜ適切な相性の発見にいたらないのか。それは美味しいワインというと、すぐにボルドーやブルゴーニュの高級ワインを思い、それらだけでも千差万別、多士済々なので、とてもそれ以外のワインと日本料理を合わせるところまでいかないからです。

日本では料理とワインの相性に関するノウハウが、ようやく蓄積されつつある段階にあるのです。和食とワインの相性は、フランス人ソムリエに解決をゆだねても無駄でしょう。彼らはフランスワインの味のパレットは知悉していますが、和食の味の世界を知らないからです。すしと焼き鳥、ラーメンだけが、日本食ではないのですから。

ついでにいえば、酸味と甘味のバランスが特徴のシュナン種から造られたロワールのワイン

――たとえばヴーヴレやモンルイ――で十年以上熟成して味わいがまろやかになったものは、香りもやさしく、洗練された日本料理によく合います。ただし、残念ながらこれらの辛口ワインがあまり日本に入っておらず、まして古いヴィンテージのものはフランスでも地元に行かないとありません。もともと、十ユーロ前後の安価なワインなので、だれも注目しないのです。

ワインと料理の相性は時代で変化する

そもそも、ワインと料理の相性も時代の嗜好によって変化します。フランス人の好きな生牡蠣には、現代ではロワールのミュスカデやボルドーのアントル・ドゥー・メールなどの辛口白ワインやシャンパーニュを合わせます。しかし、十八世紀には甘口貴腐ワインのソーテルヌに合わせるのが定番だったという史料もあるのです。甘味が貴重だった時代の嗜好でしょう。

フランスの画家ジャン＝フランソワ・ド・トロワの『牡蠣のある食事』（一七三五年）という絵画があります。生牡蠣がふんだんにある食卓で開けたシャンパーニュの栓が宙に飛び、会食者たちがその栓をみつめています。十八世紀前半にフランスでもシャンパーニュが発泡性になったことを示しています。

しかし、四章で述べたように、当時のシャンパーニュはかなり甘口でした。現代の辛口シャンパーニュから、当時の嗜好を現代の嗜好に引きつけて理解するのは危険です。生牡蠣にソーテルヌは当時、奇妙な組み合わせではなかったのです。

現代では当たり前のワインと料理の相性も、フランスでさえ時代が変われば変わるのです。けっして普遍的ではありません。現在の判断を金科玉条のように奉じてかつての嗜好を判断することは、時代の味覚の本当の姿やその変容をみえなくさせてしまいかねません。

現代の嗜好に合った日本料理とワインとの相性は、今後も日本料理を深く知った日本人が多様な地域の多彩なワインを数多く飲み、みつけていくしかありません。大きな課題です。ただし、とても楽しく美味しい課題です。

ワインが料理と飲まれる、さらに進んで、ワインと合う料理と飲まれるということは、フレンチやイタリアンの流行と定着、日本人の海外旅行や海外滞在の増加で、日本では当たり前の飲み方になりました。こうして、はじめてワインは日本人の食生活に定着したのです。

とはいえ、フレンチやイタリアンのレストランで料理を頼み、分厚いワインリストを渡されても、適切なワインを選べる人は多くありません。フランス人だって同じです。基本の相性はわかっても、高級ワインの多様なヴィンテージから、どれが適切な一本か、選ぶのは卓越した見識と豊富な経験を要します。

ここで登場するのが、ワインのプロ、ワインと料理の相性のプロであるソムリエです。もちろん懐具合もあるので、ソムリエには見栄をはらず助言を求めればいいのです。いや、ときには同伴者の手前、見栄をはったり、知識を披瀝(ひれき)しても大丈夫。それも含めて、お客の意向を尊重して適切な一本を助言するのが彼らプロの仕事です。

フランスのソムリエは、ほんの二言三言で的確にお客の意向を見抜き、それに沿ったワインを勧めてきます。これは本当に凄い。日本でもここ二十年、お客の希望を適切かつ迅速に理解するソムリエが増えています。

しかし、このように料理に合わせてワインを選ぶということは、言い換えれば料理ごとにワインを替えるということです。これは本来、伝統的な日本人の酒の飲み方にはなかったものです。十四世紀以降、沖縄や九州をはじめとして一部の地域で雑穀から造った焼酎が飲用されていますが、日本で酒といえば、基本は一貫して米から造った日本酒です。その日本酒の飲み方は、酒を替えるということはなく、料理のほうを替えてその同じ酒の味を多様に引き立てるよう工夫してきました。

三章でも登場した、東西の料理に精通し、なにより稀代の酒通・酒好きとして知られた、文学者の吉田健一の言葉に耳を傾けてみましょう。

「西洋の酒でどんな料理にでも合うのはシャンパンだけであるが、日本酒というのはその点でも非常な工夫がしてあって日本の料理である限りどんなものでも味さえよければそれで飲めるようになっている。（中略）途中で酒を変えれば、厳密にいえば、色調を乱すことになり、樽で来た極上の菊正宗で飲み始め、食べ始めたならば、終りまでその菊正宗で行くのでなければ折角の気分が壊される」

吉田健一の一九六〇年代の飲食エセーを集めた『酒肴酒（さけさかなさけ）』での一文です。シャンパン、フランス語でいえばシャンパーニュの万能ぶりをいち早く指摘していて、経験の深さと炯眼ぶりに驚かされますが、ここで注目したいのは、いい日本酒というのはどんな日本料理にも合う工夫がしてあるので、それを途中で替えれば色調を乱し、せっかくのいい酒を味わう気分が損なわれるという主張です。いい酒は、それ自体を徹底して味わうものだという、日本酒を飲んできた日本人なら多かれ少なかれ共有している酒の美学が的確に表現されています。

すし屋でのフィールドワーク

この点について私がいくつか行ったフィールドワークから、二つの事例を紹介します。ここでは、フィールドワークが実際に実行されたことを示すために、許可をもらって店の固有名詞を出すことにします。

ひとつめは、私の勤務する大学のそばにある一八六八（明治元）年から続くすし屋「八幡鮨」です。現在は五代目が店を切り盛りし、四代目の父親とともにつけ場に立って江戸前のすしを握っています。同じ場所で続くすし屋としては東京でももっとも古い店のひとつで、新宿区では最古だとか。

締めた小鰭（こはだ）やづけ鮪（まぐろ）、煮穴子や煮蛤（はまぐり）など江戸前の伝統を守りながら、魚介や雲丹（うに）を塩味だけで食べさせたり、鮪のバルサミコ漬けをネタにしたり、自分で鴨のスモークハムを作ったりと、現在四十代で職人として脂ののった五代目が多様な工夫も行っていて、客の味覚を楽しませてくれます。

そんな五代目が十数年前に店を任されてから、味わいの異なる各地の日本酒を複数そろえ、客が求めれば、ネタに合わせて酒を替えてくれます。もちろん、個別のネタごとというのは不可能ですが、あっさりした貝類には淡麗な酒、脂ののった魚類にはコクのある酒という合わせ方です。こうした合わせ方ができるように、半合や四分の一合でもグラスで出してくれます。私のような呑兵衛には、ネタとの相性のほか、「最初はこれでいきましょうか」「最後はこれですかね」と酒の順番も考えて出してくれます。

四代目が店を切り盛りしていたころは、酒は上物と並の二種類で、ともにお燗をして出していたそうです。上物の銘柄はやはり「菊正宗」で、「当時はお酒は菊正を出しておきゃぁ、だれも文句はいいやせんでしたね」と、このごろあまり聞くことのなくなった江戸弁で説明してくれました。菊正宗は兵庫県の灘の銘酒で、当時は地方の酒の品質はいまひとつで、灘の酒というのがすでにボルドーの格付けワインやブルゴーニュの特級ワインのような品質と威光を誇っていたのです。だから、吉田健一も菊正宗があれば、それを飲み続けるのが作法であり、それに値する旨さだと述べているのです。

もちろん、四代目の時代はみな酒は上物あるいは並と決めたら、それをひたすら飲みました。第一、替えようと思っても上と並しかないのですから。酒の選択肢がないということ自体、酒を料理によって替える飲み方が存在しなかったことを示しています。

現代では、すし屋だけでなく、日本料理店や居酒屋でも、多くの種類の日本酒が置かれ、ときに好みや気分に応じて、あるいは料理に応じて、複数の日本酒を飲むのはめずらしいことではありません。むしろ、いまや酒が一種類しかない飲食店のほうがめずらしいでしょう。

それほど、日本酒の飲み方は変化したのです。ここで重要なのはこうした飲み方が食べ物との関係で変化したという点です。そう、これはまさにワインの飲み方なのです。

冷や酒は野蛮な飲み方

飲み方それ自体も変化しました。いまでは冷酒が当たり前ですが、かつてこれは野蛮で品のない飲み方でした。飲み方は、飲む内容つまり酒の種類と同じように、いやそれ以上にある暗黙の価値判断をともなったイメージをそなえています。

上物も並も、飲み方はつねにお燗。温める温度に好みがあっても、酒は温めて飲むのが当たり前でした。一九二九年生まれの私の亡父も晩酌を欠かさない人でしたが、冷や酒を飲んでいるのはみたことがありません。

これはかつて古代ローマ人が、フランスに住むゴール人（ケルト人）のワインの飲み方を軽蔑したのと同じです。当時ローマ人は、まだワイン造りを知らないゴール人に多くのワインを売りつけて大きな利益をあげていました。その一方で、ワインを適切に水で割って飲む文明人の習慣に反し、「一人で生のワインを飲む」ゴール人の飲み方を「野蛮な飲み方」と形容していました。というのも、ギリシャ人やローマ人はみんなで集まって議論をしながらワインを飲むのが習慣で、酔いすぎて議論ができなくなるのを避けるため（このワインを酌み交わしながらの議論が一章でふれたシンポジオンです）、ワインを水で割っていたからです。

『対比列伝』で有名な帝政ローマ時代の作家プルタルコスは、『食卓歓談集』（岩波文庫）のなかで、いろいろな比率の割り方の効果を真剣に検討し、「酒二に水三というのがやはり一番美わしき調和をえた割合」だと結論づけています。これはかなり水が多く、薄い割り方です。しかし、長く議論を続け、最後にプルタルコスのいうように、「眠りを誘い悩みを忘れさせる」割合かもしれません。

ワインに水を入れるなんて、現代ではそれこそ野蛮な行為で、高級ワインだったら顰蹙ものです。時代が変われば、価値観も変わります。わが家では日本食にもほぼ一貫してワインですが、さほど濃くないだろうと選んだ南のワインや新大陸のワインが料理に対して濃すぎた場合、古代ギリシャ・ローマの顰みに倣って水で割ります。ただ、高級ワインにはそうしません。その前に、高級ワインの場合、そうしたリスクをおかさないよう、料理を調節します。

当然ですが、「八幡鮨」四代目の酒の飲み方はつねに燗酒です。私の亡き父のように。

酒は酔いを誘うがゆえに、そこには一定の飲み方が求められるのです。もちろん、その飲み方は社会と時代で変化しますが、そこにルールがあることは変わりません。現代でもウイスキーやワインを、瓶に口をつけてラッパ飲みすることははばかられるでしょう。

酒を温めて飲むという習慣は、フランスのヴァン・ショーというホットワインなど、世界にまったく例がないわけではありませんが、めずらしい飲み方です。しかし、日本で酒といえば日本酒で、日本酒といえばかつてはお燗が当たり前でした。この慣行が別のアルコール飲料に適用されてもおかしくありません。

明治初期から中期の酒に関する資料を読んでいると、当初はビールをお燗して飲む人も結構いたことがわかります。明治期の新聞では、ビールをお燗して出した事例が紹介され、議論を呼んでいます。

三章で、飲み方が味覚を左右すると述べましたが、一度身についた飲み方という身体化したソフトはたやすく変わるものではなく、外から入ってきた同じような物にも適用されがちだとわかります。

懐石料理店でのフィールドワーク

日本酒の飲み方に関するフィールドワークの二つめの事例は、二〇一〇年に開店したカウンター主体の京懐石料理店「粋京（いっきょう）」です。経営者兼料理長は京都の老舗料亭で十年ほど修業した福島県出身の三十代の男性です。「八幡鮨」の五代目よりさらに若い世代の料理人です。

ここでも店主のこだわりがうかがえる質の高い多彩な日本酒が常備され、客が求めれば、料理ごとに日本酒を替えて上質の昆布と鰹節（かつおぶし）からとった出汁を使った手の込んだ料理に合わせてくれます。実は、ジュラのワインを何度かもち込んで、懐石料理に合わせたのはこの店でした。「粋京」のホームページには、「お飲みものはこちら」という表記のすぐ下に「日本料理に合う日本酒を季節により取りそろえています」と明記されていて、料理と日本酒の相性がお店のセールスポイントとして発信されていました（現在のホームページにはありません）。

洗練された日本食の代表である懐石料理でも、日本酒を料理によって合わせるというのが、ごく普通に店のセールスポイントとなり、客のほうも店主の繊細な味覚による多彩な料理と多様な日本酒との組み合わせを楽しんでいます。

すし屋の五代目は四十代、懐石料理店の店主は三十代と、若い世代であることも重要です。彼らは、よくできた日本酒はどんな日本料理にも合うから、酒を替えるのは味覚を乱すことになるという、吉田健一が主張する一種の飲酒美学ともいうべき伝統的な日本酒の飲み方から解放された世代です。

この背景には、料理に合わせて多様な味わいのワインから適切なものを選ぶという、ワイン的な飲み方が広い意味で浸透したことがあると私は考えています。ワインの飲み方の基本である料理に合わせた飲み方が、知らず知らずのうちに、日本酒と日本料理に応用されているのです。もともとの日本酒の飲酒慣行にそうした飲み方はありませんし、大正から昭和にかけて国民的アルコール飲料になったビールにもそうした飲み方はありませんから、出どころはワインだと考えざるをえません。

ワイン化する日本酒

二〇一四年十月二十日付けの、『朝日新聞』の「日本酒　もっとおいしく」と題された長文の特集記事のリード部分には、「味や香り、料理に合わせて」とあります。この記事は日本酒業界や日本酒の関係者に取材して書かれたもので、日本酒関係者が吉田健一の美学とは逆に、料理に合わせて味や香りの異なる日本酒を選んでほしいと考えていることがわかります。なんという変わりようでしょうか。飲食文化はこのように当人たちが自覚しない飲み方という深いレベルで変化していくといえるでしょう。

しかも、その記事では先が細くなったワイン用のテイスティンググラスで日本酒が賞味されているイラストが掲げられています。たしかに、香りや味わいをしっかりみるには、猪口(ちょこ)や枡よりもワイングラスのほうが優れています。そういえば、杜氏によらないコンピュータ管理した日本酒造りを敢行して、品質の高い日本酒を造って人気の高い山口県岩国市の「獺祭(だっさい)」の蔵元、旭酒造では、自社の日本酒をワイン用テイスティンググラスを用いて試飲している様子がテレビの取材番組で紹介されていました。

四章で検討したように、ワインが日本酒化している以上に、日本酒はワイン化しているのです。それはワインの食卓での飲用が日本酒にも広がり、日本酒が本来の意味で食卓での食中酒になることを意味します。このことの意味は、一見するより重大で、深いところで日本の飲食文化に大きな変化が起こっていることを暗示しています。

フルーティな日本酒の流行

吟醸酒や大吟醸酒などの、吟醸香と呼ばれる香りのある日本酒が好まれるようになっています。精米歩合を六〇パーセント以下、五〇パーセント以下にして、米のもっともいい部分を使った、さわやかな果実香のある日本酒です。さらに醸造用アルコールを添加せず、米だけから造られる純米酒や、さらに純米吟醸酒や純米大吟醸酒も人気です。

吟醸系の日本酒が広く市場に出回り始めて人気を得るようになったのは、一九八〇年代以降のことです。これ以後急速に美味しい日本酒として受容され、ちょっと酒にこだわった居酒屋や日本料理店で消費されるようになりました。しかし、吟醸酒は、けっして新しい酒ではありません。

醸造学者としても世界的に知られた日本酒の権威、坂口謹一郎も書いているように、吟醸酒の製法は一九〇七（明治四十）年に、全国の酒造業者と当時の大蔵省の官僚とによって結成された社団法人「日本醸造協会」の主催により、大蔵省の醸造試験所で始まった「全国清酒品評会」を通して生まれてきた技術です。品評会は日露戦争後の国をあげての産業奨励の一環として、とくに不衛生で品質の劣った地方の酒造りのレベルを向上させるために作られました。その申し子が吟醸酒なのです。

坂口謹一郎は日本酒を論じた古典ともいうべき『日本の酒』で次のように述べています。

「品評会がはなやかだった頃に忽然として現れ、多くの審査員に酒の無上の香りとして尊重されたものに『吟醸香(ぎんじょうか)』というものがある。この香りさえついていれば全国的な品評会でも優勝疑いなしというので、全国の杜氏（酒造の技術師格）がこの香りを出すのに心魂をかたむけたものである」

一九二〇年代から開発され、吟醸に適した酵母が醸造試験所から頒布され造られるようになっていきます。しかし、古今の酒を知悉している坂口謹一郎の吟醸酒に対する見方は、意外なことに、あまり好ましいものではありません。「この香りはバナナやリンゴにあるような一種の『果実臭』であって、従来の酒の香りとはおよそ縁の遠い香りである」と述べ、「吟醸酒の神秘も、酒造りの上の一種の遊技にすぎないようである」と断じています。

この『日本の酒』が岩波新書として最初に刊行されたのは一九六四年で、温度管理や酵母の育成技術が未発達で、吟醸系の醸造が安定してできる前のことでした。しかし、昔は古酒の熟成した香りと風味を楽しんだ酒文化があったと記す、見識の広い醸造学者が吟醸酒を日本酒としてあまり評価していないことは頭に入れておいてもいいでしょう。

同じく醸造技術者の麻井宇介も、「吟醸酒というものは、本当に日本の固有の文化としていつまでもあるのだろうか」と疑義を呈して、以下のように続けています。

「清酒づくりのほうから言えば、あれは最も文明化した酒だと思いますね。だから、日本人でなくても吟醸酒はつくれるだろう。装置があって、そして、かなり精密なマニュアルをこしらえれば、どこででもできる」(『酒精の酔い、酒のたゆたい』醸造産業新聞社)。

「文明化した酒」というのは、普遍的な技術による酒ということです。ワインでいえばドイツで始まったフレッシュ・アンド・フルーティなワインです。この文章の初出は二〇〇一年ですから、吟醸系の日本酒がすでにブームにあった時期で、それに警鐘を鳴らす意味で書かれています。

いずれにしろ、日本を代表する二人の世代の異なる醸造技術者がさほど評価しない吟醸酒や大吟醸酒は、いまも人気で、酒造メーカーがこぞって造っています。

一九九〇年代以降、専門家が従来の日本酒ではないとする果実香の際立った吟醸酒や大吟醸酒が一気に消費者に受けた背景には、ワインの受容と消費の広がりがあると、私は考えています。とくに、吟醸系の日本酒ブームが、それまでの日本酒のおもな飲み手だった年齢の高い人々でなく、むしろ若い飲み手の日本酒回帰によってもたらされている点を考慮すると、この仮説はあながち間違いではないでしょう。ワインで果実味のある醸造酒に慣れた若い世代が、果実味のある日本酒を好みだしたのです。

米にこだわる日本酒造り

現在、観光地では日本酒の蔵元めぐりがよく行われています。これ自体がワインツーリズムに、さらにワイン造りを日本酒造りに投影していると覚しき事例を耳にしました。私の研究室に三年在籍したフランス人地理学者ニコラ・ボーメールさんからです。彼はヨーロッパではじめて日本酒に関する優れた博士論文を上梓、その業績もあっていまでは名古屋大学准教授となっています。

ある若いカップルが地方の日本酒の蔵元を訪れた際、「原料となるお米を作っている水田を見学したいのですが」と尋ね、蔵元を戸惑わせたというのです。

日本酒造りに使う酒米は、基本的に農家から買い取ります。京都の伏見や兵庫の灘の大手酒造メーカーの場合、全国から優良な酒米を調達して酒造りをしています。自身で水田を耕作しているところは、ほとんどありません。せいぜい契約栽培です。

若いカップルの質問と意向は、伝統的な酒造りを少しでも知っていれば、出てこないものでしょう。このような点も穀物酒の特性です。穀物は輸送に向いていて、別の土地でできた穀物を、技術が集積し消費地に近い他の場所に運んで大量に生産することが可能だからです。ビールや日本酒が、これに当てはまります。

しかし、果実酒であるワインは、そうはいきません。国産ワインのように濃縮果汁の還元醸造に頼るならいざしらず、ぶどうから栽培してワインを造るとなれば、基本的には畑のある土地で醸造せざるをえないからです。水分が多く、重くて傷みやすいぶどうを遠い場所に運べば、途中で醱酵か腐敗が始まるでしょう。

日本の観光地では、日本酒を郷土の地酒であると宣伝し、土地柄による酒の違いを強調しています。そうであれば、日本酒造りを同じ土地柄の産物であるワインと比較して、日本酒の蔵元を見学したときに、原料の米のできる水田をみたくなっても当然です。とくに特別の酒米の使用を謳うことが多くなっているいま、その特別な酒米がどこでどのように作られているか知りたい人がいても、おかしくありません。こうした受容者側の意向が広がると、日本酒の醸造元が自社の水田を所有するという、一部で始まっている傾向がさらに加速するでしょう。

JAS有機認証で知られる「小布施ワイナリー」の曽我彰彦さんは、家が代々日本酒造りも行っていたため、現在、有機栽培で酒米も自分で作り、かつて開発され、なぜか忘れ去られた複数の酵母によって同じように仕込みを行い、酵母の特性を見極めるというマニアックともいうべき日本酒造りを行っています。それらの日本酒はどれも異なる複雑な味わいがあって見事です。

原料は優良なものを農家から購入し、仕込みの技術で造るのが日本酒です。曽我さんのように、原料の米から栽培する日本酒造りは、実はワイン造りの徹底した応用です。ワイン造りで育まれた感性なくしては、生まれてこなかった発想でしょう。

曽我さんほど徹底していなくても（曽我さんはブルゴーニュでぶどう栽培からワイン造りを勉強しました）、原料の米を自家栽培する醸造元は少しずつですが、確実に増えています。

このように生産レベルでも、日本酒はワインから知らず知らずのうちに大きな影響を受けているのです。それは蔵元を訪れた若いカップルや曽我さんの事例からわかるように、ワインを受容したことによって生じた変化です。

日本酒を「米のワイン」と博士論文で定義した先ほどのボーメールさんは、日本酒は純米でないと意味がないといいます。ぶどうの果汁だけでワインを造るワイン文化圏の人間には、アルコールを添加した日本酒は純粋な米の酒とは思えないからです。

現在、前述の「獺祭」や福島県二本松市の「大七」(大七酒造)、あるいは愛知県名古屋市の「九平次」(萬乗醸造)などの銘柄がアメリカやフランスに輸出され、ニューヨークやパリの日本料理店を中心にブームです。純米酒を主体に純米吟醸酒や純米大吟醸酒も人気です。高い関税を考えても、これらの高品質で高級かつワインに近い味わいのものが今後も受けるでしょう。

外国でのこうした受容が、今後は日本での製造(酒造り)や受容(酒のイメージ)に影響を与えていくにちがいありません。小津安二郎や黒澤明の映画が、むしろ外国で評価され、それによって日本で注目されたように。

日本酒は徹底して味わうべきもの

同じ米という穀物から、主食のご飯と主たるアルコール飲料である日本酒が造られると、製造と生産のレベルで矛盾が生じます。米が欠乏したときに日本酒を造れば、悲惨なことになります。そんなときには、酒の生産を政治的に制限せざるをえません。事実、江戸時代には飢饉の際に何度も酒造禁止令が出ています。この矛盾を復習したうえで、この同じ事態は受容と消費の面で具体的にどのようなことになるのか考えてみましょう。

原料の生産という農業面でそれぞれ異なる土地で造られるワイン（荒れた土地）とパン（肥沃な土地）は、食卓で出合います。キリスト教が、ワインとパンの食卓での共存に、さらに宗教的意味を付与します。パンはキリストの肉体であり、ワインはキリストの血となります。イエスは最後の晩餐で弟子たちにそう語りました。この最後の晩餐はミサで再現されます。イエスの肉体を食し、イエスの血を飲んで神の子イエスと一体化します。ミサは神人共食の宗教儀式なのです。

米も日本の伝統的宗教である神道で、ワインやパンに似た重要性をおびています。初穂が神社に奉納され、日本酒が献上されます。神棚には米と日本酒が捧げられます。正月には餅を食べ、お屠蘇（とそ）をいただきます。餅は米を搗（つ）いて加工したもの、お屠蘇は米を醸した酒を基本に作られています。とくに、言祝（ことほ）ぐ際に米でなく、米を加工した餅や日本酒が献納され、それが神からのお下がりとして食され飲まれるのは、主食である米にさらに手を加えて作ったもの、米の価値を凝縮したものであるからです。こうした点は、日本を代表する民俗学者、柳田国男が『食物と心臓』（創元選書）で詳述しています。

つまり、主食である米をわざわざ醸造して造られる日本酒は、米から作られる主食のご飯以上に、重要な価値をもつ飲み物なのです。日本酒はワイン以上に貴重なものであり、いただくときはそれ自体をしっかり味わうべきものでした。上述の柳田は、一人で酒を飲む独酌は近代以降の習慣で、近世までは酒は祭礼や特別なときに共同で飲まれるのが普通の飲み方であり、飲む際は徹底して飲み、酩酊することが義務だったと、『明治大正史 世相篇』（講談社学術文庫）で述べています。祭りの際の「直会(なおらい)」といわれる酒盛りでは、酩酊は個人のものというより、神とつながるためのものでした。酩酊しなければ無礼だったのです。ミサが神人が一体化する神人共食の儀式だったように、「直会」も神人共食の場でした。しかし、ミサの神人共食が象徴的レベルにとどまるのに対して、日本では実際に酩酊するまで飲むということが異なっていました。

主食を醸す酒は、その希少性と手間隙によって、それ自体の消費が非常に重要でした。このような日本酒の受容と消費の極端な重要性は、すべて主食をあえて醸すがゆえに生じたものです。西洋では宴席での過度な酔いは社会的な蔑視の対象ですが、日本では酔っぱらいに寛容です。この違いにも、いま述べたような背景があると考えられます。

日本酒を飲むときに、肴とか「あて」とかいわれる小皿料理で酒の味を違ったふうに引き立てるのも、こうした酒の来歴を考えると当然です。少量多品目の料理で、貴重な酒を徹底して、ひたすら、深く、味わおうとするのです。主食の米を原料に手間隙かけて造った日本酒であれば、吉田健一が日本人の感性を代弁するように、酒は替えないのが作法となるのも納得できます。吉田健一の酒の飲み方は、美学というより、手間隙かけて作られた酒への礼儀であり、作法というべきでしょう。

日本酒とご飯は同値

日本の食卓では、ご飯イコール日本酒です。この「イコール」とは、食卓において同じ価値・役割をもつという意味です。もとの材料が米なのですから。ただ、そういわれても、固体のご飯と液体のアルコール飲料では、別ものだろうという反論もあるので、この点をもう少し詳しくみておきましょう。

酒の「肴」は、おおむねそのままご飯のおかず「菜（さい）」にもなって、ご飯ともよく合ってくれます。つまり、同じ料理であっても酒を合わせれば「肴」、つまり「つまみ」となり、ご飯と食べれば「菜」、おかずとなるのです。肴と菜は基本的に同じもので、合わせる相手によって異なる名称です。

では、汁と吸物の違いをご存じでしょうか。

「汁は味噌仕立て、吸物はすまし汁」と一般的に理解されているようですが、それは間違いです。この区別も、肴と菜と同じで、ご飯に合わせれば汁物、酒に合わせれば吸物となります。内容は同じものでも、合わせる相手によって名称が変わるところに、日本では飲食の中心に、ともに米を調理ないし加工したご飯と日本酒があることがみえてきます。

日本の食事で、ご飯が来れば酒をやめる理由もここにあります。日本料理店で「お食事をお持ちしてよろしいですか」といわれたことはありませんか。これは、「ご飯を出すから、酒はやめますか」という意味です。

日本酒での晩酌を欠かさなかった私の亡き父は、まずおかずをつまみにお燗の日本酒を三、四合飲み、それから残ったものをおかずにしてご飯を食べていました。母親はもう「ご飯にしていい」と、頃合いを見計らってかならず父親に尋ねていました。

私が大学で担当する「食卓の変容」と題された講義で二〇〇七年の開講以来、九年間、学生を対象に取っているアンケートの項目のひとつに「食事でとくに日本酒・ビール・焼酎を飲む際、料理が和風だった場合、おかずだけでなく、ご飯とも一緒に飲みますか」という問いがあります。毎年受講生は百三十名ぐらいで、回答率は平均八五パーセントです。回答率がいいのは、回答が出席点となるからです。

ちょっと回りくどい聞き方になっているのは、酒といえば日本酒だった昔と違い、食卓でビール、ワイン、日本酒、焼酎、チューハイと多様なアルコールが飲まれているためです。

それでも、なんと毎年、半数近くがご飯とは一緒に飲んでいません。日本酒飲用の慣行が意識されずに、身体的習慣として残っていると考えていいでしょう。

しかし、フランスで、日本でご飯にあたるパンとワインを一緒に飲みますかという質問では、ほぼ一〇〇パーセントが「はい」と答えるはずです。イエスの身体であるパンとイエスの血であるワインは食卓でともに摂取されねばならないからです。そう考えると、半数近くがご飯と

	2007	2008	2009	2010	2011	2012	2013	2014	2015
飲む	26.0	22.9	22.4	24.3	22.0	24.0	20.3	15.4	17.5
飲むことも飲まないこともある	29.6	22.9	29.1	29.7	34.0	26.6	28.5	32.7	34.9
飲まない	40.3	49.4	46.3	43.3	42.0	46.2	47.1	51.9	45.2
その他(+未選択)	4.1	2.8	2.2	0.7	2.0	3.2	4.1	0.0	0.0

表　「食事でとくに日本酒・ビール・焼酎を飲む際、料理が和風だった場合、おかずだけでなく、ご飯とも一緒に飲みますか」(%)

一緒にアルコールを摂取しないという傾向が、日本独自の傾向、すくなくともワインの摂取とは異なる慣行であることがわかります。

さらに、伝統的な飲酒慣行は当然ながら父親層に多くみられます。それは、毎年このアンケートをもとに日本では伝統的に日本酒はご飯と同値であると説明すると、父や祖父がご飯と一緒に日本酒を飲まない理由がわかったという感想があることからもわかります。

ご飯と日本酒が一緒に消費されないという慣行は、アルコール飲料の多様化とともに変化しつつも、かなりの程度残っているといえるでしょう。これもつねにワインが食事の一部であるフランスをはじめとしたワイン産国との大きな違いです。

ワインは料理を引き立てるものです。だから、まず料理があり、それからワインが来るのです。レストランでワイン選びに困ったときはソムリエという専門家がいます。酒屋やデパートのワイン売り場ならワインに詳しいワインアドバイザーがいます。

いまでこそ唎酒師という資格があり、多様な日本酒の選択のアドバイスをしてくれますが、上等の菊正宗があれば酒を替える必要はないとされてきた伝統のなかでは、こうした唎酒師の存在自体が飲み方の変化を示しています。

ワインのもたらす深い変化

しかし、こうした議論を承知のうえで、あえて先ほどのアンケート結果を、逆の視点から見直してみましょう。

ご飯にもアルコール飲料を合わせる人が半分いるというのは、やはり大きな変化です。実は、私の家でも、和食にワインの場合、おおむねそうしているからです。そう、この変化の主要素もワインではないでしょうか。

フランスでは、アントレ、プラ、デセールという三品構成の食事の流れのなかで、チーズはデザートの一部です。お腹のふくれ具合に応じて、最後にチーズとパンで調節するのです。日本のご飯に漬物と考えればいいでしょう。ご飯に合わせる漬物がかなり塩辛いように、メインのあとで食べるからこそフランスのチーズは味が濃厚になっています。

そして、このパンとチーズを引き立てるのがワインです。ワインと料理の相性の厖大なリストに、このチーズにはこのワインという、ワインとチーズの項目があるのはこのためです。

アントレとして出されるハムやソーセージ類、田舎風パテ、豚肉のリエット、多彩な肉のパテ類も、パンとともにワインを飲みながら食べると、それだけで日本人には十分一食という感じになります。濃厚なチーズ同様、塩辛いハムやパテには、ワインが抜群の相性を示します。

ただし、多くのフランス人は、温かい肉や魚の料理のない、冷たいハムやチーズだけの食事は、それがどんなに美味しくても正規の食事とは考えられないようです。彼らはこうした食事を「冷たい食事」と呼んで、マイナスのイメージを抱いています。

日本では弁当という冷たくても美味しい料理文化があり、豪華で手の込んだ弁当があるように、冷たいものはかならずしも美味しくないを意味しませんが、フランス人にとって冷たい食事は美味しい食事とは感じられないのです。

フランス人が美味しい食事とみなさない、ハムやチーズとワインによる食事を、美味しい食事と日本人は感じています。ある意味、日本人はフランス人以上に、ワインを軸に食事の仕方を柔軟に変化させてきたのです。日本酒を軸にした伝統的な飲食慣行に、こうしたワインを軸にした飲食習慣が根づき、アルコールの多様化と食事の洋風化によって、徐々に浸透してきました。その結果が、半数の人がご飯を食べながらアルコール飲料を飲むというアンケートの数字に反映されていると考えてもいいでしょう。

ワインは深いところで、日本の伝統的飲食慣行を変化させる下地を作りだしているのです。

ワインが食卓に進出

同じアンケートの別の質問、「食事のときにどういうアルコール飲料を飲みますか」という問いへの回答をみると、事実、ワインが他のアルコール飲料と並んで、日本の食卓で飲まれていることがわかります。

ただし、日本の食卓では、きょうはビール、あすはワインというように、同じ家庭でも食事ごとに飲むアルコール飲料が変化することを考えて、複数回答が可能になっています。場合によっては、父親はビール、母親はワイン、学生本人はチューハイというように、同じ食事で多様なアルコール飲料が飲まれていることもあるでしょう。

フランスでは、食卓のアルコール飲料といえば、ワインと決まっているので、ありえない多様性です。おそらく、こうした多様化の傾向は、伝統的なワイン文化圏に属さないアメリカやイギリスに近いかもしれません。ただ、これらのプロテスタント国家では、イギリスの上中流階級をのぞいて、そもそもアルコール摂取への禁忌意識が強く、日常の食卓でのアルコール飲用がさほど一般的ではありません。

さて、左の表をみると、ビール系の発泡酒や第三のビールを含むビール系アルコール飲料の圧倒的優位はさほど揺らいでいませんが、ワインの進出と日本酒の凋落が目立つ結果となっています。

	2007	2008	2009	2010	2011	2012	2013	2014	2015
ビール(系)	80.5	79.8	76.9	75.0	82.0	77.3	70.7	67.3	69.8
チューハイ(広義のカクテル類)	30.2	31.2	31.3	25.7	28.8	35.1	27.6	29.8	31.0
ワイン	31.4	28.4	26.1	26.4	23.3	33.1	30.1	24.0	24.6
焼酎	22.5	25.7	20.9	15.5	20.7	25.3	23.6	15.4	21.0
日本酒	26.0	29.1	23.1	18.2	23.3	24.7	26.8	12.5	15.9
ウイスキー	10.1	8.3	9.7	7.4	13.3	12.3	10.6	4.8	11.9
その他	4.1	3.7	0.7	1.4	2.7	0.0	1.6	1.0	1.0

表　「食事のときにどういうアルコール飲料を飲みますか」(%)(複数回答可)

ワインは、チューハイ系と競いながら、ほぼ三位以内を確保し、二〇〇七年、二〇一〇年、二〇一三年と三回、チューハイ系を抜いて二位になっています。常時二三〜三〇パーセントの飲用者がいます。このアンケート結果からも、ワインが日常の食卓にビールやチューハイと並んで、アルコール飲料の選択肢となっていることがわかります。

ワイン嗜好はＮＨＫ放送文化研究所が行った全国調査のデータからも読みとることができます（１８０ページ）。『日本人の好きなもの　データで読む嗜好と価値観』（ＮＨＫ出版、生活人新書）に載っているデータで、実施が二〇〇七年と少し古いのは難点ですが、現代日本の飲酒傾向を知るにはいまも有効でしょう。ただ、もとのアンケートでは、明治以来の輸入アルコールの関税上の分類を踏襲し、「ワイン」と「スパークリングワイン」「シェリー」が別項目になっています。ワインを少しでも学べば、

		全体
1	ビール	50
2	ワイン+スパークリングワイン+シェリー	36
3	果実酒（梅酒など）	32
4	焼酎	27
5	清酒	24
6	発泡酒	19
7	カクテル	19
8	サワー	14
9	ウイスキー	13
10	ブランデー	9
11	泡盛	4
12	ジン	4
13	紹興酒	3
14	ウォッカ	3
15	どぶろく	3
16	ラム	3

『日本人の好きなもの　データで読む嗜好と価値観』

（NHK出版/2007年）より　（複数回答可）


これらがすべてワインであることは当たり前なので、ここではそれらをひとつにしています。

表に「全体」とあるのは、調査結果は男女の年齢別で集計されており、この表はそれを合算し割合をパーセンテージで示したものだからです。私が行ったアンケート同様、複数回答が可能です。

ワインはなんと日本人が好きな酒類で、すでに二〇〇七年の時点で、堂々の二位を獲得しているのです。

このあと、さらに関税の引き下げや何度目かのワインブームが起こり、ワインは新大陸の手頃でそれなりに美味しいワインを中心に、市場を拡大しています。

おそらくいま同じような「好きな酒類はなんですか」という調査をすれば、ワインがさらに伸びていることが予想されます。

こうして料理とともに飲まれる食卓のアルコール飲料としてワインが広まることで、かつての日本酒に代表された酒中心の酔いを求めた飲み方が、深層においていつのまにか変化し、食卓で食事を楽しむ重要な要素としてアルコール飲料が受容され、それにふさわしい形で消費されているのです。ワインの食中酒としての日本の食卓への浸透と普及は、たんにアルコール飲料の嗜好の変化といって済まされない、日本の飲食文化の根本的な変化を招いていると考えるべきでしょう。

感性の変化は後戻りしない

ワインの飲用にともなう変化は、飲酒への感性をも変化させています。酔うために飲むという感性から、楽しく美味しく飲むという感性への変化です。

四章で検討したように、食事様式によってワイン自体も変化します。しかし、その一方で、同時にワインの普及によって食事様式も影響を受け、変化しています。ワイン導入から百五十年を経て、ワインの日本の飲食文化への影響は思いのほか甚大です。

おそらく、こうした深い感性の変化は、もう後戻りできないものでしょう。歴史的にみても日常の感性が徐々に確実に変化し、表面的に昔の価値観が復活しても、それはかつてのままの感性の再生ではないことは、フランスのアナール派の数多い歴史研究が証明しています（アナール派歴史学の二人の中心人物フィリップ・アリエスとアラン・コルバンの主著はほぼすべて邦訳されています）。心性や感性という点から、それまであまり顧みられなかった庶民の日常生活に注目して多様な資料を用いて詳細に検討したものです。

日本酒をさまざまな料理が引き立てるのではなく、料理にさまざまな日本酒を合わせるという日本酒のワイン化が、日本人の飲食の感性の変化を象徴的に証明しています。

このような思いもよらない食事様式の変化を引き起こした隠れた主役がワインなのです。ワインが食中酒として受容され、食卓で消費される飲食形態が、時代の飲食の在り方に適合していたのでしょう。

そう考えると、ワインはまだまだ浸透する可能性があることもみえてきます。

最終章では、日本の飲食の変化に、どのようにワインが対応してきたのか、ワインの受容のおもな主体とはいったいだれなのか、そうした視点にフォーカスして考え、日本における今後のワイン受容とワイン消費を予測してみましょう。

第六章 新しいライフスタイルとしてのワイン

ワインが好きなのは女性

読者のみなさんに次のような問いかけをしたいと思います。

「なぜ、他の酒ではなく、ワインなのですか」「ワインのどういう点に魅力を感じますか」とてもシンプルで基本的な問いです。でも、物事は往々にして見失いがちなシンプルで基本的な問いから考えたほうが、複雑にみえる現象の大きな枠組みがみえてきて、理解を助けてくれるものです。ここでもこうした問いを頭に置いて、検討を始めましょう。

ワインは日本人の飲食の在り方を深いところで変えてきました。ワインの飲用は飲食の感性を変え、さらにライフスタイルとなりつつあるのです。これが最終章のテーマです。アルコール飲料をどうイメージして受け入れるのかという受容と、実際にどう飲むのかという消費において、ワインは新しい受容者・消費者を獲得しました。

五章で引用した全国の幅広い年齢層を対象に「好きな酒類」を尋ねたNHKの調査は、男女の年齢層別に回答を集計しています。次の表は、もとの調査では明治以来の輸入洋酒の分類にしたがって別項目だった「スパークリングワイン」と「シェリー」をワインとしてまとめた補正版です。

これをワインに注目してみていくと、非常に面白いある傾向に気づきます。なんといっても各年齢層でワインを好んでいるのは男性より女性であることです。二十〜二十九歳の若年層で

		男性20〜29歳
1	ビール	55
2	焼酎	35
3	カクテル	26
4	発泡酒	22
5	果実酒(梅酒など)	21
6	ワイン+スパークリングワイン+シェリー	20
7	サワー	15
7	清酒	15
9	ウイスキー	12
10	泡盛	10
10	ブランデー	10

		女性20〜29歳
1	カクテル	52
2	果実酒(梅酒など)	49
3	ワイン+スパークリングワイン+シェリー	35
4	サワー	32
4	ビール	32
6	発泡酒	14
7	焼酎	13
8	ジン	8
9	ウイスキー	5
9	清酒	5

		男性30〜59歳
1	ビール	72
2	焼酎	48
3	清酒	29
3	発泡酒	29
5	ワイン+スパークリングワイン+シェリー	26
6	ウイスキー	24
7	果実酒(梅酒など)	23
8	カクテル	17
9	ブランデー	16
10	サワー	14

		女性30〜59歳
1	ワイン+スパークリングワイン+シェリー	44
2	ビール	40
3	果実酒(梅酒など)	37
4	カクテル	26
5	サワー	20
6	発泡酒	15
6	焼酎	15
8	清酒	13
9	ウイスキー	6

		男性60歳以上
1	ビール	58
2	清酒	50
3	焼酎	41
4	果実酒(梅酒など)	27
5	発泡酒	24
6	ウイスキー	23
7	ワイン+スパークリングワイン+シェリー	19
8	ブランデー	15
9	どぶろく	7
9	紹興酒	7

		女性60歳以上
1	果実酒(梅酒など)	36
2	ビール	33
3	ワイン+スパークリングワイン+シェリー	29
4	清酒	22
5	焼酎	10
6	発泡酒	8
7	カクテル	7
8	サワー	5
8	ウイスキー	5
10	ブランデー	4

NHK放送文化研究所が行った全国調査のデータ 好きなお酒(2007年度補正版)(%)

は、ワイン好きの男性は二〇パーセントで全体の六位に甘んじている一方、女性では三五パーセントで三位に食い込んでいます。私がアンケートを実施している大学生の年齢で、女性はすでにワインに親しみだしています。これはワインに興味を示したり、ワインをよく飲むと答える学生に女性が多いという私の経験とも一致します。

三十歳から五十九歳の中高年層でも、六十歳以上の高年層でも、基本は同じ。女性のワイン好きと男性のワインへの抑制された嗜好という傾向が浮き彫りになります。ここからみえてくるのは、まずどの年齢層でも、ワインを好むのは女性だという厳然たる事実です。

これは伝統的なワイン文化圏の国ではみられない現象です。フランスやイタリアをはじめとしたワイン産国では、むしろ年輩の男性がワインをよく飲んでいるからです。若い層ほどワインを常飲しなくなっています。とくに女性がワインを好むということもありません。ワインは伝統的な飲み物で、古くダサいイメージすらあります。

このため、これらの国ではワイン消費が落ち込み、フランスでは十四歳以上で一日に一人がボトル半分強消費していた一九六〇年代から、ワイン消費はほぼ一貫して減少し、二〇一三年には消費量が約一二〇ミリリットル、グラス一杯半にまで減っています。

十四歳以上という統計があるのは、ワイン産国にはおおむねワインやビールなどの摂取を年齢で規制する法律はなく、アルコールの購入や公共の場所での飲用に年齢制限があるからです（ちなみに、日本で現在のように二十歳以前のアルコール摂取を禁ずる法律ができたのは、プロテスタントの禁酒運動の広がりのなかの一九二二（大正十一）年のことです。意外と遅かったのです）。いずれにしろ日本でみられる女性主導のワイン受容というのは、当たり前の現象ではありません。

果実酒からワインへ

このＮＨＫのデータからは、男女の嗜好の違いだけでなく、男女とも年齢別に嗜好が異なる現実がみえてきます。世代ごとに生活文化で趣味が異なるのは世の常です。

ここでも男性より女性に目立つ変化があります。男性の場合、若年層で清酒（日本酒）が減り、カクテルが増えています。一方、女性では、若くなるほど男性全般に人気のビールが低落し、カクテルが上昇しています。清酒（日本酒）は年齢が下がるにつれて不人気なのは男性と同じですが、低落の程度は男性以上です。

こうした男女の年齢層による好きな酒類の違いは、外食でよく見受けられる光景とおおむね合致しています。居酒屋で男性がとりあえずビールから始めて、年輩者は日本酒を、中高年は焼酎を飲み、カフェバーやカフェレストランで女性が甘い果実酒やカクテルを楽しみながら、ときにワインを飲むという、男女振り分けの飲食空間の構図です。

ワインの受容を考えるうえで注目したいのは、女性と男性との嗜好の違いと、その年齢層別の変化です。

女性の酒類嗜好の特徴は、果実酒、ワインが各年齢層で上位を占め、カクテルが年齢が若くなるにつれて人気となっていることです。カクテルにレモンやグレープフルーツ果汁を使ったもの、カシスやライチなど果実系のものが多いことを考えると、女性の果実風味のアルコール飲料への世代を超えた嗜好がみえてきます。

二〇〇七年時点で六十歳以上の女性高齢層が二十歳を迎えてお酒を飲みだしたのは、一九六〇年代後半で、本格的なワインが日本で広まる前の世代です。この世代で、梅酒に代表される甘い果実酒がもっとも好まれているのはうなずけます。ようやく日本でも女性がお酒を飲むことが認知されだして、さほどたっていない時代でした。

男女雇用機会均等法の施行が一九八六年。日本でも女性がようやく本格的に社会に進出した時代でした。果実酒を好みながら、ときにワインにも興味を示し、会社の同僚と飲むときは、とりあえずみんなとビールを飲んでいた女性の姿が浮かんできます。

しかし、二〇〇七年に三十歳から五十九歳の世代は、お酒を飲みだした時期に、本格的なワインがすでにそばにあった人々です。この世代の年齢の高い層がアルコール飲料に親しみだした一九七〇年代は本格的な食卓ワインの流通によって最初のワインブームが起こっています。一九八〇年代にはバブル景気に煽られたフレンチの流行もあり、海外旅行も一般化しました。この世代のもっとも若い層がお酒を飲みだした一九九〇年代には、手頃な価格の外国産ワインも含め、多くのワインがすでに身近にありました。こうしてもともと女性に親近感のあった果実系のアルコール飲料のなかでワインが一位になったと考えられます。

では、なぜ若年層でワインが三位とやや後退し、果実酒が二位、カクテルが一位なのでしょうか。まず、ワインのポイントが三五パーセントと支持率は三分の一に達していること、ワインが好きである人は高齢層の二九パーセントより多いことを見逃してはいけません。ワインに興味があるものの、実際に飲むのはカクテルや梅酒などの果実酒というのが若い女性の飲酒の実情なのです。

これには、カクテルや梅酒は敷居が低く、味もわかりやすいけれど、ワインは少し知識が必要で敷居が高いという、消費へといたる前のワイン受容のあり方が関わっていると思われます。

受容から消費へ

女性の三十歳から五十九歳までの中高年層でワインは一位の人気です。しかし、ワインの人気の高さは、そのままワインがもっとも消費されていることを意味しません。私が執拗に受容と消費を区別するゆえんです。好きだというのは受容の問題ですが、実際に飲むのは消費の問題です。

私が講義で実施しているアンケートでは、二〇一四年度以降、食事時に飲むアルコールの種類を父親と母親に分けて設問しています。父親ではビール系が圧倒的に多く、ついで焼酎と日本酒が拮抗し、ワインは四位、母親では父親に比べ支持率は少ないものの一位がビール系、二位がチューハイ類で、三位がワインです。学生の両親はおおむね四十代後半から五十代です。ＮＨＫの調査の中高年層に当てはまります。つまり、さまざまな事情で、ワインを好み、それなりにワインを味わいながら、実際にはビールやチューハイ類を飲んでいるのです。

チューハイや梅酒、シードルなどの果実酒は、ワインに比べれば安価で、ワインを選ぶような知識もワインを味わうような経験もいりません。チューハイに入っているレモンやグレープフルーツ果汁の分量を多少気にしても、その産地や収穫年を問題にするということはまずないでしょう。ワインが果汁だけを醱酵させたものであるのに対し、梅酒は工業的に製成されたホワイトリカーに梅を漬け込んでエキス分を浸出させた飲料で、現在の酒税上の区分では「リキュール」です。

ところが、ワインは手頃なものが増えたとはいえ、選択にあたって知識や経験が多少とも求められます。あるいは、求められるような土地ごとの多様性をそなえています。それがコンビニワインにもコメントがある理由です。しかも、千円以下のものから何万円、何十万円という超高級ワインの年代ものまでピンキリなのもワインの大きな特色です。ちょっといいワインを飲もうと思ったら、やはり知識と経験が必要になります。

実は、このような知識と経験をともなったワイン受容と、それにもとづいた消費でも、女性が主導なのです。

ワイン関連資格保持者は女性が多い

日本ソムリエ協会は、一九八五年に「ソムリエ呼称資格認定試験」をはじめて実施して以来、いろいろなワイン関連の資格試験を毎年行っています。日本ソムリエ協会は各資格試験の最近数年間の合格者数を受験者数とともにホームページで公開しており、そのデータには女性の数が明示されているので、各資格について保有者の男女比を計算することが可能です。それを八年分まとめて、女性の比率を出したのが192ページの表です。

ソムリエの受験資格は「ワインおよびアルコール飲料を提供する飲食サービス業を五年以上経験し、現在も従事している方」（会員は三年以上の会員歴と三年以上の経験）となっていて、外食産業で実際に働きワインをサービスしている人を対象としています。「ワインアドバイザー」はおもに流通・小売・教育機関でワインに携わる業務経験三年以上で現在も従事している人（会員は二年以上の会員歴と二年以上の経験）に受験資格があり、ワイン関連の職業に就いている人が対象です。

この二つが職業としてワインを扱う人を対象にしているのに対して、「ワインエキスパート」は二十歳以上ならだれでも受験可能で、より広くワインを愛好している人を対象にしています。つまり、三つの資格ともワインの知識とワイン飲用の経験が問われますが、ソムリエとワインアドバイザーがより情報の発信側に立つワインのプロだとすれば、ワインエキスパートはワイ

資格	2007	2008	2009	2010	2011	2012	2013	2014	累計
ソムリエ計	918	978	908	936	935	1059	1384	1307	19938
ソムリエ男	494	549	503	547	555	620	796	790	10777
ソムリエ女	424	429	405	389	380	439	588	517	9161
女性の割合 %	46	44	45	42	41	41	42	40	46
ワインアドバイザー計	329	323	284	280	290	319	416	505	12529
ワインアドバイザー男	211	197	170	165	167	197	266	397	8248
ワインアドバイザー女	118	126	114	115	123	122	150	168	4281
女性の割合 %	36	39	40	41	42	38	36	33	34
ワインエキスパート計	667	700	587	707	715	733	876	1163	11132
ワインエキスパート男	210	272	210	271	258	294	352	457	4226
ワインエキスパート女	457	428	377	436	457	439	524	688	6906
女性の割合 %	69	61	64	62	64	60	60	59	62

ワイン関連の資格試験の合格者数

ンに積極的に興味を示す受容者・消費者だといえるでしょう。

なによりも注目すべき点は、女性の多さです。二〇一四年現在、ソムリエの有資格者一九九三八名中女性は九一六一名で、女性の割合は四六パーセントです。ワインアドバイザーの女性の割合は、三四パーセントとやや落ちますが、ワインエキスパートでは、なんと女性の割合が半数を超える六二パーセントに達しています。

さらに、それぞれの資格で、男女別の合格率を計算してみると、ほぼどの年、どの項目でも女性が男性を上回っています。

ソムリエの有資格者の半数近くが女性で、さらに驚くべきは、ワインに関するかなり高度な知識をもったワインエキスパートの半数以上が女性であることです。ワインエキスパートの資格は広く一般人が対象なので、ソムリエのように職業としてワインのサービスに関わるわけではありません。それでも、資格をもっている女性がたくさんいるのです。こうした傾向は過去を遡ってみてもほぼ一定しており、このデータからはワイン関連の職業やワインの受容や消費という場面で、いかに女性が大きな役割をはたしているのかがわかります。

フランスやイタリアで、ワイン販売も含めワイン関連分野は伝統的に男性の領域であるのとは好対照です。とくにレストランの現場で働くソムリエは圧倒的に男性で、私の過去三十数年の経験（うち四年は滞仏）でも出会った女性ソムリエの数は片手で数えられるほどです。

さらに、家庭でワインを選び、ワインをサーヴするのは伝統的に男性の役割です。レストランでも男性がワインを選ぶのが普通です。つまり、日本での日本酒や焼酎のように、フランスでワインの受容で前面に立つのは男性なのです。ところが、これらのデータからは、日本ではワイン受容の中心は女性であることが明確になります。

ワインを学ぶ女性たち

ただし、「好き」というプラスの受容は、そのまま消費につながるとはかぎりません。しかし、プラスの受容は潜在的な消費を意味していることも、また事実です。

ここで確認したように、ワイン関連資格の保有者に女性が多いという実態からは受容が消費につながり、消費がさらなる受容（情報と経験の蓄積）となって、次の消費へとつながっていく正のループ構造ができあがっていることが、垣間見えてきます。

そもそも、ワインエキスパートやワインアドバイザー、ソムリエの資格を取るには、たんに好きとか、好きで飲むというだけではなく、なるべく多くの異なる種類のワインを自覚的に飲むという訓練が必要です。

愛好する気持ちから漫然と消費するのではなく、自覚的で積極的な受容が要求されます。つまり、資格保有者の多い女性のワイン愛好家は、ワインの自覚的消費を行っているのです。

その証拠に、ここ二十年で非常に数が増えたワインスクール、たとえば「アカデミー・デュ・ヴァン」（一九八七年開校）、「田崎真也ワインサロン」（一九九六年開設）、「ワイン&ワインマーケティング・スクール」（二〇〇五年開校）などの関連のサイトや資料を調べると、受講生の約七割が女性です。

多様なワインを積極的に味わい、ワインの地域による違いや品種の特性を学んでいるのは女性たちなのです。ワインについての教養や感性は女性が蓄積し、発信しています。ワインへの愛がワイン文化への尊重となり、学びとなり、その学びがまたワインの消費につながります。ワインの学びはワインの拡大再消費を生みだします。

ワインを学ぶには、興味や憧れだけでは不十分で、ある程度の経済力が必要です。二十代後半から三十代以降になって、一定の社会的経験と経済力を身につけた女性たちが、ワインスクールで学び、ワイン会で経験を積み、ワイン関連の資格を取得している現実がみえてきます。

事実、男性が家でワインの選択と管理を行うフランスやイタリアと異なり、日本ではワインの購入の現場で主導権を握っているのも女性であることが多いようです。

ワイン産地の北海道の十勝町で育ち、十勝町でのワイン生産に尽力した元町長を父にもち、自らもワインスクール代表としてワインの情報発信の第一線に立つ田辺由美さんは、二〇一四年二月、日本人女性一七〇人が日本も含めた世界のワインを審査する「サクラ ワインアワード」を開催しました。審査員はソムリエやデパートの販売員で、全員女性でした。その開催にあたって、田辺さんのインタヴューをまとめた『朝日新聞』の記事に、女性審査員だけに限った理由が以下のように説明されています。

「欧米では男性が購入するワインを決める。でも、日本のデパートで主導権を握るのはもっぱら女性なので、審査員は女性だけに」

ワイン関連の資格を多くの女性がもち、ワインを愛好している以上、購買の場で女性が主導権を握るのは当然です。

こうしたデータや事実から鮮明になってくるのは、日本のワイン文化を支えているのはいまや女性であるという現実です。では、こうした女性のワイン好きは何を意味するのか、どういう経緯で生じた嗜好なのか、より広い歴史的な文脈で考えておきましょう。

西洋料理とワイン

三章で検討したように、ワインは明治の文明開化の時期に西洋料理とともに日本に導入されました。この時期、ビール、ウイスキー、ブランデーといった他の洋酒も日本に一気に入ってきました。しかし、これらのなかで、もっとも西洋料理と結びつきが強かったのはワインです。もともと、他の洋酒は基本的に食事とは別に飲む「食外酒」、あるいはせいぜい食事の前や後に飲む「食接酒」ですが、ワインは「食中酒」だからです。

一八七四（明治七）年には、西洋各国の公使や高官を宮中に招いてはじめての午餐会が開かれました。出された料理は当時世界でもっとも洗練された料理とみなされていたフランス料理でした。品数の多い十九世紀風の正餐で、フランスの高級ワインが提供されたようです。これ以後、天皇が各国高官を招く宮中午餐会・晩餐会はフランス風の西洋料理が正式な料理となり、現在まで続いています。

いまでこそ世界各地で人気があり、ユネスコ無形文化遺産にも登録された和食ですが、当時の外国の要人には受け入れられるようなものでなく、宮中での食事は他の国の事例にならってフランス風の西洋料理とし、食中酒としてワインを提供しました。宮中晩餐会は、外交儀礼であり、外交政策の一環です。外交上、日本の宮中晩餐会を西洋料理にするというのは当然の判断でした。

宮中の宴席がこのような内容ですから、明治の初期に、外国人のために作られたレストラン付きのホテルで提供された食事が、西洋料理とワインであるのも当然のことでした。

その嚆矢（こうし）となったのは、政財界の支援で一八七二（明治五）年に丸の内の馬場先門に建てられた日本初の西洋風のホテルレストラン「築地精養軒」でした。ただ不幸なことに、開業当日大火に見舞われ営業しないまま焼失しましたが、翌年には現在の銀座五丁目に場所を移して再建されています。いかに外交上こうした施設が必要だったかわかります。その後、一九二三（大正十二）年の関東大震災で倒壊し閉店するまで、明治・大正期を通して日本を代表する西洋料理店として重要な役割をはたしていきます。

西洋人に馬鹿にされない西洋料理を、しかるべきワインとともに外国の貴賓に提供することは、日本の外交上の使命でした。その大きな目的は、開国にあたって締結を余儀なくされた欧米との不平等条約の改正でした。すなわち、治外法権の撤廃と、関税自主権の獲得です。三章でふれたように関税自主権がないため、日本のワインは外国ワインとの競合で苦戦を強いられていました。関税自主権の回復は、日本の国内産業の発展には欠かせません。国家的課題だったのです。そのためには、日本が西洋並みの文明国であることを外国に示す必要があります。外国の高官を招いた宴席はそれを示すいい機会でした。

一八八三（明治十六）年に開館した鹿鳴館は、こうした外交政策の象徴でした。一八八七（明治二十）年まで続く、いわゆる「鹿鳴館時代」です。外国の賓客を招いてしばしば西洋風舞踏会が開催され、豪華なフランス風の料理がビュッフェ形式で出されています。

海軍士官として世界各地を訪れ、そうした土地での出会いや風俗を多くの紀行文や小説にしたためたフランスの作家ピエール・ロティ（一八五〇〜一九二三）は、その様子を以下のように描写しています。

「銀の食器類や備えつけのナプキンに被われている食卓の上には、トリュフを添えた肉類、コロッケ、鮭、サンドウイッチ、アイスクリームなど、ありとあらゆるものが、れっきとしたパリの舞踏会のように豊富に盛られている。アメリカと日本の果物は、優雅な籠の中にピラミッド型に積み重ねてあり、しかもシャンパーニュは最良の銘柄ものである」（村上菊一郎、吉氷清訳『秋の日本』角川文庫、一九五三年刊。訳文はフランス語原文にあたって一部筆者が現代風に改変）

ロティは、戦艦の艦長として東京に滞留していた際に、鹿鳴館の舞踏会に招待されました。彼は踊る日本人女性の表情を「巴旦杏（アーモンド）のようにつり上がった眼をした、大そうまるくて平べったい、小っぽけな顔」と表現し、その踊り方を「個性的な独創がなく、ただ自動人形のように踊るだけ」と軽蔑しています。西洋の猿まね文化の本質を見抜いていたのです。その辛辣（しんらつ）なフランス人作家ロティが、料理については豪華さに感心し、ワインも華やかなビュッフェを彩るうえで最高のシャンパーニュだったと認めています。

女性も参入できる食事様式

こうした上流階級の宴席に西洋料理の食中酒として出されたワインは、庶民にとっては高嶺の花で、庶民は日本化した西洋料理である洋食を、街場の手頃な西洋料理店や庶民から上層紳士までが身分の隔てなく集うビアホールで、ワインではなく、ビールを飲みながら食べるようになっていきます。

ここで注目したいのは、この公式な宴席に導入された西洋料理の食事様式における女性の役割です。

もともと、女性が給仕をして、芸者を呼ぶこともあった日本の伝統的な会席料理（茶の湯の懐石料理が江戸時代に酒宴中心の料理となったもの）に比べ、明治期に華族や政治家、財界人などの上流の富裕層に導入されたフランス料理を基調とした西洋料理は、女性も参加できる食事様式でした。いや、西洋の高官たちが宴席に婦人をともなうために、それに合わせて西洋料理が導入されたといえるでしょう。宴席における西洋料理の採用は、味覚的な問題だけが理由ではなく、その食べ方も要因のひとつでした。男女同席で食べるという食べ方です。

鹿鳴館での宴会や夜食つき舞踏会はまさに、そのもっともわかりやすい事例でした。西洋風の舞踏会は、芸者のような、プロの踊り子を呼んで行うものではなく、高官貴顕（きけん）の奥方や令嬢とともに男子が踊る社交の場でした。西洋料理も同じでした。男女のカップルで、あるいは男女ともに賞味するものなのです。

歴史家の前坊洋（まえのぼうよう）は、著書『明治西洋料理起源』（岩波書店）で、明治期の法学者の妻と、漢学者の日記を詳細に検討し、明治を代表する高級官僚と文化人の二つの事例において、日本料理と西洋料理が使い分けられていたと述べています。男性だけの公的性格の強い宴会では日本料理店が、妻や家族をともなった比較的親密な宴会では西洋料理店が用いられているのです。
仕事の同僚の男同士の飲み会は居酒屋で、彼女とのデートや家族での会食にはイタリアンやフレンチといった、外食空間の男女の振り分け使用の淵源はこのへんにありそうです。いずれにしろ、西洋料理が女性も参入できる食事様式として日本では認知され、広まっていくのです。

西洋料理は女性が作る

実は、作る側という視点でみても、西洋料理は女性が参入した領域でした。明治以降女性たちはいち早く、西洋料理の作り方を紹介した著作を執筆するようになったのです。

二人の家政学者、江原絢子と東四柳（ひがしよつやなぎ）祥子の共著『近代料理書の世界』（ドメス出版）は、一八六八（明治元）年から第二次大戦前（一九三〇年）までに刊行されたほぼすべての料理書七百五十冊を検討して、そのうち主要な百点を解説した優れた研究書です。女性による最初の料理書は実践女子大学の創設者、下田歌子によって一八九八（明治三一）年に刊行されています。それ以後、女性の手になる西洋料理本が増えていきます。

『近代料理書の世界』で解説された主要料理書百冊と同書巻末に収録された著者たちが検討した当時刊行されたすべての料理書八百余冊を、著者たちによる分類にしたがって、四つの時代と十二のジャンルごとに著者の男女数をまとめてみると、どのジャンルでも、どの時代でも、基本的に男性著者優位ですが、西洋料理書の分野では女性著者が次第に増えていることが確認できます。主要料理書百冊についてみれば、西洋料理書の女性執筆者の割合は、主要な料理書中で最高の四八パーセントに達しています。八百余冊全体でみても、西洋料理書は依然として三九パーセントとほぼ四割が女性筆者です。

中身まで検討してみると、こうした料理書の内容は栄養価の高い洋食中心で、栄養学的観点から女性が家庭で料理することの重要性が説かれています。それは当時、中流以上の家庭では、家庭の料理が使用人にまかされていたからです。料理は女性が家庭内で自分の役割にできる新しい領域であり、とくに西洋料理は女性も語ることが許された分野でした。

あえていえば、西洋風の合理的な料理によって女性は家庭内で自分の役割を見いだし、自己を表現していったと考えられます。そんな意識と感性が、女性執筆者による西洋料理書の増加にみてとることができます。

西洋料理による自我の目覚め

こうした傾向は当時の文学作品にも見いだすことができます。

女性が西洋料理に魅力を感じ、そこに自我を仮託していく姿を、作家の三宅艶子（一九一二〜九四年）は『ハイカラ食いしん坊記』（中公文庫）で描いています。この作品は、大正から昭和初期にかけて少女から大人になっていくみずみずしい感性を、飲食の記憶を軸にしてすがすがしい筆致で表現した一種の自叙伝です。三宅艶子は、大正時代に作家として活躍した三宅やす子を母にもち、若くして洋画家と結婚したのち、自らも作家として小説や評論を遺した女性です。ここで言及される料理はすべて西洋料理で、その西洋料理が自己形成の核になっていることが読みとれます。

それはカツレツ（いまのトンカツ）やカレーライス、海老フライやビフテキ（ビーフステーキ）といった「よくおとなたちがカツレツ洋食屋と呼んでいた」店で出される当時すでに大衆化していた洋食ではなく、たとえばフランスパンやオートミール、ワッフルやプディング、あるいはビーツだけのサラダやコンソメスープ、仔牛のエスカロップやブイヤベースといった、当時まだめずらしかった本格的な西洋料理です。こうした新奇な味覚が、それが食べられる料理店の洗練された雰囲気とともに、若い作者の感性を刺激し、豊かな感受性を養っていきます。

たとえば、少女時代に同じ敷地で暮らしていた大叔父（「国粋主義」の思想家として有名な三宅雪嶺）の家でのフランスパン体験です。

「うちでもごくたまの日曜日パンを食べることはあったが、それは食パンで、おじさまのところのと違う。おとなりのパンは丸いフランスパンで、天火で温めたのか火鉢で焼いたのか小さい私は考えたこともなかったけれど、温かくて、真中を二つに割ると中が白くて、これがとてもおいしかった。そのパンにバタをつけると一層おいしいことも判った」

さらに、女学校時代に男友達と入った西洋料理店は次のように描かれています。

「初めてその店にはいったのは、外から見た感じがなんとも言えず気持がよかったからであっ

た。ボーイフレンドと映画を見た帰りに、ふらっとそこでごはんを食べることにした。（中略）
そこは名前のように扉をあけると、全体が白（ブランシュ）と赤（ルージュ）に統一されていた。壁は白。卓子と椅子は木の部分が白、シートは赤い革、食卓には赤い花が白の花瓶にいけてある。灰皿も白い陶器に赤い細い縁（ふち）がとってあった。その赤の色が、ほんの少し朱がかったヴァーミリオンという色で、赤いどぎつさがない。室内の色がなんていいのだろうと感心してしまった。
私たちは仔牛のエスカロップを食べたような気がする。（中略）
メニューもフランス式の横文字で書いてある（中略）。ヴァーミリオンの縁の白い陶器のドゥミタッスで食後の珈琲を飲む頃には『パリに来たみたい』な気分になり、うっとりしていた」

たしかに、経済的に余裕のある恵まれた知的雰囲気のなかで育った三宅艶子は、当時の庶民の感覚とはずれていたでしょう。しかし、西洋料理の教育に携わった女性たちも、それなりに恵まれた環境に育っています。貧富の差が大きく義務教育が小学校までだった時代に、経済的余裕があり、中等教育以上の教育を受けて、外国の文化に親しんだ女性たちが、西洋文化を自分のものにして発信していったのは当然の成り行きでした。

こうして彼女たちが発信したイメージや価値観が社会的に認知され、その後の西洋料理や西洋文化をより多くの女性が受け入れる素地を作っていったことも、否定できない事実です。

アメリカの社会学者ソースティン・ヴェブレンはすでに一八九九年の時点で、上流階級の文化的規範がなかば強制的に社会秩序の最下層にまでおよぶメカニズムを詳細に分析しました（『有閑階級の理論』ちくま学芸文庫）。ヴェブレン自身の命名ではありませんが、こうした上から下への文化伝播のあり方はよく「滴り理論」といわれています。西洋料理をはじめとする日本における西洋文化も、そうした形で多くの人々に浸透していきました。その際、そうした文化にいち早く参与する三宅艶子や西洋料理書を著した女性たちが作りだす社会的なプラスのイメージが触媒となって、より広い受容を喚起するのです。

飲食を描くのは女性作家

明治以降、西洋の文化が日本に入ってくると、西洋文化、とくに西洋料理は次第に女性が参入できる領域となっていきました。西洋文化の習得は、男性中心主義の見方から脱却して女性が自己を表現する手段であり、自己を開花させる領域でもあったのです。

とくに、女性がになう領分としての西洋料理はそれが顕著でした。女性たちは、西洋料理を自分のものとして家庭での役割を確立し、料理書や料理教育を通して社会的にも活動を始めました。さらに、女性たちは、自分たちが参加できる西洋料理の受容を自己形成の糧とします。伝統的な男性優位の価値体系が支配する領域から相対的に自立した新しい分野だったからこそ、西洋料理の発信と受容は女性の自己形成の領分となり、自己表現の手段ともなりえたのです。

そもそも、日本では文化資本、つまり文化的な教養は女性がになう傾向が強いと、社会学者の片岡栄美はフランスの社会学者ブルデューの理論に則って（『ディスタンクシオン』藤原書店）、詳細なデータを分析して結論づけています。とくに、この傾向は西洋関連の文化に強く見いだされます。たとえば、子どものときピアノやバレエを学んだ女性は多いはずです。

そもそも、近代日本の男性作家は飲食をあまり描こうとしてきませんでした。大変な食いしん坊で、飲食をテーマにした小説やエセーをいくつも遺した作家の開高健はエセー集『最後の晩餐』で、多くの作家たちは「〝食〟をあげつらうのはいやしいことだ」として小説に描かないと指摘し、「私生活上ではこなれのいい、口あたりのものを食べ」、有名店に行ったことをせいぜい日記や随筆に書くだけだと嘆いています。日本の近代文学において恋愛は実にしつこく描かれながら、もうひとつの欲望である飲食は行為として貶（おとし）められ、表現としてはさらに貶められてきました。

そんななか、小説やエセーで自己表現の手段として、飲食に自己形成の大きな要素を認めてきたのは、多くは女性の作家でした。近現代でも、森茉莉や金井美恵子、江國香織や角田光代など、複数の作家がすぐに思いうかびます。

金井美恵子や江國香織をはじめとする現代の女性作家も、かつての三宅艶子のように、伝統的な食材や料理よりも、西洋的な食物や料理を取りあげることが多いようです。伝統の重みはそのまま男性優位の価値観を内包し、そのようにイメージされているため、そうでないものが女性作家によって好まれるのは当然といえるでしょう。

西洋料理は受容（西洋料理への参入）と発信（料理書の執筆）においても、また表現（小説やエセー）においても、女性の自己形成を可能にし、自己のアイデンティティを社会へ向けて発信し確認していける、価値判断をともなったイメージ空間を形作っているのです。

かつての女性の自己形成とアイデンティティの確保をになってきた西洋料理の役割を現代において受け継ぐのは、もちろんすでに素描したように、一九八〇年代に流行するフランス料理であり、さらに一九九〇年代以降にフランス料理と共通性をもちつつより近づきやすい形で受容されだしたイタリア料理です。

フレンチやイタリアンのレストランのおもな客層は女性です。平日の昼に主婦を中心にした女性が多いのは当たり前ですが、男女のカップルが増える夜でも女性同士の客が目立ちます。

これらのフランス料理やイタリア料理に共通した要素が、ワインです。ワインは、こと問題を飲食に限れば、もっかのところ現代におけるこうした女性の自己表現の最終手段のひとつともいえる側面をもっているのです。

ワインはアルコールではない？

なぜ、女性はワインなのか。それはすでに言及したように、他の酒は伝統的に男性との結びつきが強く、女性の参入が難しかったからにほかなりません。

坂口謹一郎はすでに一九五七年に、日本酒が男性の飲み物である点を反省して、『世界の酒』

（岩波新書）のなかで、日本酒の禍（わざわい）のひとつめは「味の貧困性」だと指摘したあと、以下のように続けています。

「日本酒の強アルコール禍の他の一つは、婦人に向かないことである。婦人に酌をさせて男子のみがよい気持になるというような日本の家庭における封建制は、このように考えてくると、まことに宿命的なものがあるといわざるをえない。打破しなければならぬ悪習である。婦人も男子とともに、単なる飲みものとして自由に味わえる日本酒になるように、品質の改良こそ望ましい限りである」

結局、外食でも家庭でも、男女仲良く飲めるアルコール飲料の地位についたのはワインでした。それは、ワインが西洋料理の食中酒として食卓で老若男女を問わず楽しめる酒だったからです。食中酒としてのワインの本領がここにあります。

もともと、ヨーロッパのワイン産国では、ワインにはすべての商品に課される付加価値税（日本の消費税に相当）以外に、酒税が課されることはありません。ワインはアルコール飲料というよりも、食卓に欠かせない飲み物とみなされているのです。だから、先述したようにワイン産国では公共の場を除いて、年齢でワインやビールなどの摂取を禁止する法律もありません。食卓でのワインの飲用は各家庭の采配に任された家庭の躾（しつけ）のひとつです。ここで両親から料理に合うワインのノウハウを実地に学んでいきます。

このような食卓につきもののワインの性格が、女性の飲酒をあまりいいものと認めない日本の飲食伝統において長らく存在した女性のアルコール飲料摂取の後ろめたさを拭い、女性をワイン飲用へと向かわせたと考えられます。

男たちが女性のアルコール飲用を認めなかったのは、自分たち同様、酔いしれるまで女性が酒を飲んでは、困った事態になると思っていたという節もあります。たしかに、そういう危険が女性に起こらないとはいえませんが、食中飲料としてのワインは酔うために飲むものではありません。あくまで食事の一部として、食事を楽しくする要素なのです。

主食を潰して造る貴重な日本酒がそれだけを味わいつくす致酔飲料だとすれば、食中酒であるワインでは酔いは結果にすぎません。酔うためにワインを飲んでいるのではないのです。たとえ結果として、ほろ酔い気分になったとしても。

男だけが女性の用意するつまみを肴に、あまつさえ女性にお酌させ、ひたすら飲む日本酒は、結局、おのれ自身の力で、坂口博士が望んだような、「婦人も男子とともに、単なる飲みものとして自由に味わえる日本酒」とはなりえませんでした。

いま純米酒や吟醸系の日本酒が、その丁寧に造られたさわやかな味わいと果実香によって、とくに女性に人気です。彼女たちは、そうした現代的な日本酒にワインの似姿を暗に見いだし、魅力を感じているのです。彼女たちは、ワイン同様、酔いしれるために日本酒を飲むのではありません。あくまで食卓を楽しくする要素、ただし、とても重要な要素としてワインのように日本酒を消費しているのです。

ワインの開いた道

女性の開いた道は、男性もともに歩むべき道です。

女性の開いた道とは、人と食事する際に、食卓の外でも前でも後でもなく、食事中に料理とともに酒を楽しむというライフスタイルです。こうした酒の代表がワインです。酔いを目的にひたすら求道的に酒を飲む伝統的なスタイルからの転換です。女性の選択は時代の未来を見越した正しい選択だったのです。

私はよく同僚から、「毎日飲んでいるの、飲みすぎだよ」といわれます。しかし、私が飲むのは基本的にワインですが、食事以外で飲むことはまずありません。こうした食事とともにワインを嗜む飲み方は、学食や病院でもワインが出るフランスで身につけました。フランスでは、昼のビジネスランチでもワインを飲みますし、昼に家に招かれてもワインが出ます。

最近、ちょっと驚いたのは、私が日本で指導を担当した修士課程のフランス人学生の主査を務めるフランス人教授の招待で、当該学生のほか、他の大学院の学生も交えて、修士論文の公開審査の前に、昼にソルボンヌ大学に近いレストランで食事をしたときのことです。その学生の論文テーマが「日本におけるフランス食品の受容」で、東京で彼が二か月間行ったフィールドワークを私が指導したのです。

これから審査する側と審査される側が審査の前に、ともに食卓を囲むというのも、ちょっと意外でしたが、食事には一リットル入ったハウスワインがちゃんと出され、それでは足らずにさらにハーフサイズが追加されました。その一時間後、主査である教授と私は審査員側に座り、当該の学生は審査される側に座って、フランスらしい厳しいツッコミに、賢明に弁明していました。さすがに、この審査の席では、かつて古代ギリシャで行われたワインを酌み交わしながら議論したシンポジオンとはならず、ワインはなくミネラルウォーターだけでしたが。

西洋史の大家、木村尚三郎（しょうざぶろう）はかつてあるエセー風評論のなかで（『風景は生きた書物』中公文庫）、よく講演に呼ばれて、講演の前に関係者と昼食を一緒にとることがあるが、ビールぐらい出さないのは失礼だと書いていました。東大の教授を務めた偉い学者がこんなことを書いてくれると、心強くなります。

ヨーロッパ体験の豊富な木村は、日本だから「ビールぐらい」といったのでしょう。フランスやイタリアなら、ワインといったはずです。

「昼からお酒？」と日本人は思ってしまいますが、それは食事の一部である食中酒をもたず、つまみを食べて飲んでいるから食中酒のワインと同じようにみえても、酔いを求めて酒を飲む日本の伝統的飲酒慣行がそう思わせるのです。

一九七〇年代に日本の高級ホテルが、レストランにフランスの有名シェフを招聘して傭うということがよくありました。契約には昼食にはビールをつけることとあってびっくりし、さらに実際ビールを飲みながら昼を食べ、平然と厨房で仕事をしたことに驚いたと複数の関係者から聞いたことがあります。

フランスで、昼のサービス前のレストランスタッフのまかないを何度か垣間見たことがあります。もちろん、食卓にはワインがありました。

そんなヨーロッパでは、一度、「飲みません」といえば、「まぁそういわずに一杯」とさらに勧められることはまずありません。しかし、酒に弱くても、酒自体を重視する日本では、こんな光景は日常茶飯事です。食事の一部として飲みたい人が適切に飲むというヨーロッパ風のほうがはるかに健全です。

ワインを造り、ワインを飲む

私は二度、マルセル・ラピエールを長時間取材したことがあります。ボージョレ地方のヴィリエ・モルゴン村で一九八〇年代からほかに先駆けて有機栽培ぶどうによる無添加ワインを作ってきた「自然派ワイン」の巨人です。残念ながら、二〇一〇年に皮膚がんのため、六十歳の若さで還らぬ人となりました。二度目の訪問の際、予定より収穫が早まり、私が着くともう収穫が始まっていて、取材どころではありません。二日目は、マルセルの奥さんのマリーの勧めで、生まれてはじめて朝から終日、妻と収穫を手伝いました。

八時から始めて十時には休憩があり、畑のあぜ道にマリーが運んできたパテやハム、ソーセージ、チーズや果物をパンとともに、みんなでぱくつきます。カスクルートと呼ばれる簡便食です。「もう面倒だからカスクルートをやらないワイン農家も多いけれど、うちは伝統を守っているの」とマリーが説明してくれました。コーヒーのほか、もちろんワインもあり、日本的にいえば飲み放題です。ただし、みなグラスに二、三杯、料理とともに飲むだけです。一面ぶどう畑のなかで、そのぶどう畑の産物をパテやハムと食べるのは最高の気分でした。こうして、三十分もすると、みな仕事に戻ります。

昼は十三時、これは宿舎の隣の大きな食堂で、収穫部隊が勢ぞろいし、アントレ、プラ、デセールとちゃんとしたコースです。料理を作るのは、このために傭われたプロの料理人で、その家庭風料理の旨いこと。もちろん、ここでもワインがあります。

ワインなしのワイン用ぶどうの収穫など考えられません。慣例として、ぶどうの収穫を手伝う人には、昔は食事の際にワインが飲み放題のうえ、報酬の一部として持ち返り用のワインも支給されていました。

マルセルのところも、ラベルは貼られていないものの、マルセルの畑のワインでした。その味わいの素直で素朴なこと。料理がすすみました。このような光景は、ワインがアルコールと認知されていたら起こりえないことです。

「千曲川ワインアカデミー」のようなワインの作り手を養成する講座に多くの人が集まる現代の日本で、このようなワインを中心にした自然のなかで時間を過ごす生き方こそが、多くの人に憧れを抱かせているライフスタイルになりつつあるのではないでしょうか。自分で手塩にかけて造ったワインを、家族や友人たちと分かち合う。そんな生き方です。

このような楽しみを分かち合うライフスタイルを、受容と消費の面で実践しているのが女性たちなのです。食卓で料理をワインとともに楽しむというスタイルとして。

ワイン飲用が広がる可能性

麻井宇介は、酒のマーケットは一九七五年ごろに飽和したと指摘しています（『酒精の酔い、酒のたゆたい』醸造産業新聞社）。酒には飲める限界があるからです。事情は他の先進国でも同じです。世界の発達した国々ではすでに酒の消費は、一九六〇年代から減少傾向にあります。日本ではあまり行われていませんが、すべての酒を純粋アルコールに換算した統計でみると明らかです。日本も一九七五年に酒の生産と消費の面で、そうした先進国の仲間入りをしたのです。

三章で紹介した、社会学者・高田公理の「第二の都市化」の時期です。アルコール飲料の第二の都市化とは、すでに飲める限界を超えて市場にあふれたアルコール飲料が、選択して消費される時代に入ったことを意味します。淘汰の時代の始まりです。酒を売る側の企業からいえば、差異化と多様化の時代といえます。

これを酒を受容し消費する側からみれば、前述のように酒の飲み方と酒への感性が深いところで決定的に変化したことを意味します。酔うための飲酒から、食卓での楽しみとしての飲酒への移行です。

もちろん、ときには会社での憂さや失恋の痛手を忘れるために酔いつぶれることもあるでしょう。あるいは酒を飲み始めた若者がわれを忘れて羽目を外すために暴飲するということは、今後もある程度続くでしょう。

しかし、飲酒のおもな舞台は食卓に移りつつあります。それが、居酒屋であり、ワインバーであっても、料理とともに楽しくお酒を飲む、こうした飲み方が基本になりつつあります。そうした新しい飲み方を牽引しているのがワインであり、そのワインに自己を託した女性たちなのです。

日本でワインの消費が伸びているといっても、まだまだその総消費量は他のアルコール飲料に比べ多くはありません。「国税庁統計年報書」の平成二十五年版によると、ほぼワインと考えていい「果実酒」の消費量は約三三万キロリットルです。ビールは約二六六万キロリットルで断トツのトップ、雑多な酒を含む「リキュール」の二一〇万キロリットルをのぞけば、二位は「発泡酒」の約七五万キロリットルでビール系が圧倒的に飲まれています。「清酒」（日本酒）も約五八万キロリットル、四〇万キロリットル台の「単式蒸留焼酎」（伝統的な風味の強い焼酎）と「連続式蒸留焼酎」（純度が高くチューハイなどに使用）もワインより多く消費されています。

これを年間一人当たりにしてみましょう。現実に即した数字を得るため、総人口ではなく、日本で合法的に飲酒が認められている二十歳以上の人口で割ると、果実酒は年間成人一人当たり三・二リットルとなります。フランスの四六リットル、イタリアの三八リットルに比べるべくもありません。ワインの新興国であるオーストラリアの二三リットルやニュージーランドの二二リットル、アメリカの九リットルと比べても、何度もワインブームといわれてワインが注目され、女性が受容と消費を牽引しても、まだまだです。日本以外の数字は総人口で割っているので、実態はさらに差があります。総人口で割ると、日本は二・五リットル、一日一人小さじ一杯強にすぎません。

しかし、国民全員がおしなべて消費するビールや発泡酒と違って、消費に偏りのあるワインでは、消費総量に意味があっても、一人当たりの消費はあまり意味がありません。私の家庭では妻と私で夕食にはかならずワインを一本飲みますが（ときに足らなくなって、さらに飲むこともありますが）、宴席でワインを年に一度しか口にしないという人も、日本では多いからです。

しかし、これは逆にみればまだワインが広がる可能性があるということです。日本でワインが隠れた地下の起爆剤となって食卓でお酒を楽しむ感性と文化が生まれているとすれば、その主役であるワインは今後さらに伸びる余地があるのです。ワインの味わいの地域による多様性にくわえて、手頃なものから高級なものまで幅広くあるのもワインの強みです。日常の食卓、週末の食卓、特別な食卓と、ワインは多様な食卓に対応可能です。

しかも、ワインの消費は東京を中心とした大都市に集中しています。税務統計からは、東京だけで二五パーセント余消費され、首都圏で半分弱になることがわかります。人口の首都圏への集中を考えれば仕方のないことかもしれません。しかし、毎年の税務統計を集計していくと地方の県も少しずつポイントを上げていることがわかります。地方にもワイン専門店やワインを扱う店舗が展開しつつあります。ワインは、すべての人がおしなべて飲んでいるビールと違って、これまであまり飲まなかった層に広がる可能性のある飲料なのです。

なぜなら、食卓でお酒を楽しむ文化が日本全土に広まりつつあると思われるからです。

ワインを分かち合うライフスタイル

こう考えると、男性も、ときに酔いすぎてくだを巻いたり、深酒をして翌日後悔したりしながらも、一歩先に賢明な女性たちが歩きだした、食事の際に楽しく飲むという道を、歩いていくべきではないでしょうか。

フランス地理学会会長で、前ソルボンヌ大学学長の、ワイン好きとして知られるジャン＝ロベール・ピットは近著『ワインの世界史』（原書房）で、日本のワインにも言及するという目配りを示しながら、他の飲料にも増して、なぜワインが世界のあちこちで造られ、情熱をもって語られるのか、究明しています。つきつめれば、ワインへの欲望はすべての人間に共通のものので、ワインは人間を幸せにするからというのが、この大著の結論です。

無条件に「ワインが人を幸せにする」とまでいいきる自信は私にはありませんが、男女が仲良く協力する社会を作っていくために、日本の女性が歩みだしたワインを食卓で楽しく飲むという道に男性も参加していくほうが、より人生が楽しく豊かになるのではないでしょうか。

　酔うための酒から、楽しむための酒へ。一人で酔いしれる酒から、複数の人間で食卓を囲み、飲み食べる楽しみを共有する酒へ。そんな酒のイメージと酒への感性の変化、ワインがもたらしたのは、そうした飲食文化の目にみえない深い変化なのです。

　ワインは、なぜ一瓶七五〇ミリリットルの容量なのかとよく聞かれます。歴史的経緯はありますが、明らかに現代では一人で飲むには多すぎる分量でしょう。もちろん、一人で飲んでもいいのですが、複数の人間で飲むことを前提にした量なのです。ワインの伝統的な容量にも、ワイン文化が分かち合う文化であったことが表れています。

　ワインは、私たちに食卓を中心に楽しみを分かち合う新しいライフスタイルを提案している、そんなふうにいえるのではないでしょうか。

おわりに

この本のもとになったのは、作家でワイナリー「ヴィラデスト」オーナーの玉村豊男さんが、二〇一五年に長野県東御市の「ヴィラデスト」に近い敷地に、官民ファンドの投融資や農水省の交付金を得て創設したワイナリー「アルカンヴィーニュ」において、ワインの造り手の養成講座と並行して行われた「ビジネスサロン」で、筆者が行った講座です。

フランス文学を研究していた筆者が飲食をまじめに研究対象とするようになったのは、一九八五年から一九八八年の三年間、フランス政府給費留学生としてパリ第三大学の博士課程に留学し、フランスの豊かな飲食文化にふれたためです。その中心にあったのがワインでした。ワインの多様性に魅了されたのです。

ヴァカンスにブルゴーニュやボルドー、ロワール川やローヌ川流域などのワイン産地を何度も訪れ、地元の郷土料理と多様なワインを飲み、ワイン生産者を訪ねてぶどう栽培やワイン造りについての興味深い話をたくさん聞きました。こうしていかに土地が重要であるか、畑ごとにワインの味が違うのはその土地の性質であるからだと聞かされ、納得し感心したものでした。

コート・ドール南部の有名なワイン村サントネの当時の優良生産者ロジェ・ベランのところで、隣り合う一級畑コムとボールガールを試飲しながら、同じピノ・ノワール種から造られたこれら二つのワインが、前者のタンニン分のある力強さ、後者のエレガントな果実味と明らかに異なるのは、畑の土地柄だと説明されれば、納得するしかありません。こうしてさらにワインの魅力にとりつかれていきました。ワインに魅了され、現地を訪ねてさらにハマる。これはおおむね多くのワイン愛好家のたどる道ではないでしょうか。

その一方で、文学研究そっちのけで、ワイン関連の文献を読み漁るようになっていきました。ここで出合ったのが、古代から近代にいたるまでフランスワインの歴史を、多岐にわたる豊富な史料に当たり、詳細に論じたロジェ・ディオンの大著でした（邦訳『フランスワイン文化史全書』）。その後、筆者が同僚の研究者とともに訳すことになった歴史地理学のこの浩瀚な著作の深い洞察は、まさに筆者には目から鱗でした。

いいワインを生むのは、よくいわれているように、土地柄ではない。むしろ、いいワインを生みたいという「人間の意欲」だというのです。しかも、この主張を裏付ける古文書や史料をこれでもかというぐらいあげながら、フランス全土のワイン産地について、あるいはいまではワイン産地ではない地域について、微に入り細を穿って論証しているのです。

筆者は圧倒され、魅了されるだけでした。ワイン造りと同じ情熱をもって、いいワイン造りは不利な自然条件を克服することで生まれたという圧倒的な論理展開に、徹底的に思考するフランスの知性の見事な実例をみた思いがしました。

しかし、ディオンの考え方は、フランスのワイン関係者には不評です。いや、地理学者や歴史学者をのぞけば、無視されているといってもいいでしょう。フランスはいいワインを生む適地という神話を根底から揺るがすからです。

その証拠に、フランス地理学会会長のジャン＝ロベール・ピットが『ボルドーvs.ブルゴーニュ』（日本評論社）で、ディオンの考えを「いまだに革命的」と形容しています。それほど、ワイン業界では受け入れがたい考えなのです。

ただ、研究者レベルでは、近年、再評価が進んでいます。二〇〇八年にはパリでディオンの不朽の大著『フランスワイン文化史全書』刊行五十周年の国際シンポジウムが、フランス地理学会とソルボンヌ大学の共催で開かれました。筆者も日本語の訳者として発表を行いました。その折に、ソルボンヌ大学の地理学科の校舎の階段教室のひとつがロジェ・ディオン講堂と命名されたことを記念する除幕式が行われました。

フランスがこうした状況なら、日本でディオンの考えがまったく顧みられなくても当然です。さらに、地理学に飲食研究の伝統があるフランスと異なり、日本では飲食研究はまともな研究テーマにもなっていません。研究者もほとんどいません。歴史学には茶の湯文化の専門家、熊倉功夫や江戸の食文化から日本の飲食文化を広く研究する原田信男など、一部に飲食研究の優れた研究がありますが、飲食はメジャーな領域ではありません。社会学でも、高田公理のように飲食に関心を示す研究者は例外で、飲食の社会学が確立しているフランスとは大違いです。

かろうじて、石毛直道や西江雅之といった文化人類学者が一九七〇年代から飲食研究で意味ある業績を残しているぐらいです。文化人類学でも、世界的な思想家の一人、フランス人クロード・レヴィ＝ストロースの主著のひとつは『生のものと火を通したもの』（みすず書房）と題され、自然と文化の区別を調理に求めたものでした。飲食を真面目に文化として考察する態度は、筋金入りといっていいでしょう。

ところで、ディオンの主張が正しいことは、ワイン造りが世界に広がり、カリフォルニアやニュージーランドで質の高いワイン造りが行われていることを考えれば、十二分に納得できます。では、日本でもいいワインができるのでは。これが筆者がこの本を書いた理由であることは、「はじめに」に書いた通りです。

ワイン文化のあり方を考えるようになって、日本でワインについて書かれた本もたくさん読みました。しかし、ディオンの考え方を知った筆者にとって、その見方はそれほど深いとはいえないものばかりでした。そんななか、日本でワイン造りの可能性を考え、実践し続けてきた麻井宇介（本名、浅井昭吾）の著作だけは例外でした。ワインを巨視的にとらえる文明論的視点は他の著作にはないものだったからです。

筆者がこの本を書いた背景には、そんな麻井宇介の思考を引き継ごうという、やや尊大な思いがあります。ただ、つねに造る側に立って思考した麻井と、筆者では違いがあります。受容と消費の見地に立ち、より広い飲食文化全般のなかでワインを考えるという視点です。この著作にも、そうした視点が反映されているはずです。ビールや日本酒との関係、西洋料理との結びつき、女性による飲用などです。

それは、ワイン造りでは消費地への流通こそ重要であるというディオンの思想とつながっています。ワイン造りは受容と消費によって規定されているのです。

ワインをどう受け取り、どう価値づけるかという受容と、それにもとづいてワインをどう飲むかという消費を中心に、日本のワイン文化を考えるにあたって、長年筆者が飲食文化を考察するうえで、視点や思考の枠を与えてきてくれたものが、ディオンの理論以外に三つあります。物事への感性や心性の歴史を研究するアナール派歴史学、人間の生きる環境を人間と自然のやりとりと考える和辻＝ベルクの風土論、文化の受容と実践を社会のなかで考えるピエール・ブルデューの社会学です。これはみな文化の受容と消費にフォーカスした理論です。

これらの理論はこの本の土台です。しかし、これらの理論に特有な、特殊な概念を使うのではなく、あくまでそれらの理論の見方をワインに応用してわかりやすい言葉で書いたつもりです。

もしそれらの難しい（？）理論が、日本のワイン文化を考えるうえで有効であるとすれば、筆者がそれらをもとに飲食文化を考え始めてほぼ二十年、それぞれの理論が筆者の頭のなかでバランスよく熟成したからでしょう。

最後に、この著作が刊行されるよう仲介の労をとってくださった、作家でワイナリーオーナーの玉村豊男さんに、この場をかりて心から感謝の意を表したいと思います。

日本ワインの将来を祝して、日本ワインで乾杯しましょう。

福田育弘 ふくだ いくひろ

一九五五年名古屋市生まれ。一九八〇年早稲田大学第一文学部卒業。
一九八五年から八八年までフランス政府給費留学生としてパリ第3大学博士課程に留学。
現在、早稲田大学教育学部複合文化学科教授。著書に『ワインと書物でフランスめぐり』（国書刊行会）
『「飲食」というレッスン』（三修社）、訳書にロジェ・ディオンの『ワインと風土』（人文書院）
『フランスワイン文化史全書』（共訳）（国書刊行会）など。飲食関係の論文・評論多数。

新(しん)・ワイン学入門(がくにゅうもん)
二〇一五年一二月二〇日　第一刷発行

著　者　福田育弘(ふくだいくひろ)
発行者　館　孝太郎
発行所　株式会社集英社インターナショナル
〒一〇一-〇〇六四　東京都千代田区猿楽町一-五-一八
電話　〇三-五二一一-二六三〇
発売所　株式会社集英社
〒一〇一-八〇五〇　東京都千代田区一ッ橋二-五-一〇
電話　読者係　〇三-三二三〇-六〇八〇
販売部　〇三-三二三〇-六三九三(書店専用)
印刷所　大日本印刷株式会社
製本所　株式会社ブックアート

ISBN978-4-7976-7312-8 C0077